MANUEL
DU FABRICANT
DE SUCRE
ET
DU RAFFINEUR,

PAR MM. BLACHETTE ET ZOÉGA.

PARIS,
RORET, LIBRAIRE, RUE HAUTEFEUILLE,
AU COIN DE CELLE DU BATTOIR.

MANUEL

DU FABRICANT

DE SUCRE

ET DU RAFFINEUR.

Manuel d'Arpentage, ou Instruction sur cet art et celui de lever les plans, par M. Lacroix, membre [illegible] orné de pl[illegible] 50 c.

M[illegible] con-tr[illegible] édit. [illegible] 50 c.

M[illegible] par M[illegible] 50 c.

Manuel [illegible], ou Dictionnaire historique abrégé des grands hommes, par M. Jacquelin. 2 gros vol. 6 fr.

Manuel du Boulanger et du Meunier, par M. Dessables. 1 vol. 2 fr. 50 c.

Manuel du Brasseur, ou l'Art de faire toutes sortes de bières, par M. Riffault. 1 vol. 2 fr. 50 c.

Manuel des Habitans de la campagne. 1 vol. 2 fr. 50 c.

Manuel du Chasseur et des Garde-Chasses, suivi d'un Traité sur la Pêche; par M. de Mersan. 1 vol. 3 fr.

Manuel de Chimie, par M. Riffault. 1 vol. 3 fr.

Manuel de Chimie amusante, par le même. 1 vol. 3 fr.

Manuel du Cuisinier et de la Cuisinière, par M. Cardelli. 1 vol. 2 fr. 50 c.

Manuel des Demoiselles, par madame Elisab. Celnart. 1 vol. orné de planches. 3 fr.

Manuel du Distillateur-Liquoriste, par M. Lebeaud. 1 vol. 3 fr.

Manuel du Fabricant de Draps, par M. Bonnet, ancien fabricant à Lodève. 1 vol. 3 fr.

Manuel des Garde-Malades, par M. Morin. 1 vol. 2 fr. 50 c.

Le nouveau Géographe manuel, par M. Devilliers. 1 vol. orné de 7 cartes. 3 fr. 50 c.

Manuel complet du Jardinier, dédié à M. Thouin; par M. Bailly. 2 vol. 5 fr.

Annuaire du Jardinier et de l'Agronome, pour 1826, par un Jardinier-agronome. 1 vol. in-18. 1 fr. 50 c.

Cet annuaire paraîtra au 1.er janvier de chaque année, et tiendra au courant de toutes les Découvertes, le Manuel du Jardinier.

Manuel du Limonadier, du Confiseur et du Distillateur, par M. Cardelli. 1 vol. 2 f. 50 c.

Manuel de la Maîtresse de maison, et de la Parfaite Ménagère, par mad. Gacon-Dufour. 1 vol. 2 fr. 50 c.

Manuel des Marchands de Bois et de Charbons, suivi de nouveaux Tarifs du Cubage des bois, etc., par M. Marié de l'Isle. 1 vol. 3 fr.

Manuel de Médecine et de Chirurgie domestiques. 1 v. 2 f 50.

Manuel de Minéralogie, par M. Blondeau, 1 vol. 3 fr.

Manuel du Naturaliste préparateur, par M. Boitard. 1 vol. 2 fr. 50 c.

Manuel du Parfumeur, par mad. Gacon-Dufour. 1 vol. 2 fr. 50 c.

Manuel du Pâtissier et de la Pâtissière, 2 fr. 50 c.

Manuel du Peintre en bâtimens, du Doreur et du Vernisseur, par M. Riffault. 1 volume, 2 fr. 50 c.

Manuel de Perspective, du Dessinateur et du Peintre, par M. Vergnaud. 3 fr.

Manuel de Physique, par M. Bailly. 1 vol. 2 fr. 50 c.

Manuel du Praticien, ou Traité de la science du Droit, par M. D...., avocat. 3 fr. 50 c.

Manuel du Tanneur, du Corroyeur, de l'Hongroyeur, par M. Chicoineau. 3 fr.

Manuel du Teinturier, suivi de l'Art du Dégraisseur, par M. Riffault. 1 vol 3 fr.

Manuel du Vigneron français, par M. Thiébaut de Berneaud. 1 vol. 3 fr.

MANUEL
DU FABRICANT
DE SUCRE
ET DU RAFFINEUR,

OU

ESSAI SUR LES DIFFÉRENS MOYENS D'EXTRAIRE LE SUCRE ET DE LE RAFFINER,

Par MM. BLACHETTE et ZOÉGA.

PARIS,
RORET, LIBRAIRE, RUE HAUTEFEUILLE,
AU COIN DE CELLE DU BATTOIR.

1826.

ERRATA.

Page 4, ligne 6, lisez : *blanc quand il est en masse.*

Page 21, ligne 4, en remontant, lisez : *Antigoa.*

Page 23, ligne 2, lisez : *Bonpland.*

Même page, ligne 8, lisez : *nervures* au lieu de *navures.*

Page 33, ligne 4, en remontant, lisez : *cabrouets.*

Page 58, ligne 6, en remontant, lisez : 1500.

Page 168, ligne 1.re, lisez : *fermer.*

Page 177, ligne 14, lisez : 5gr. 826.

Page 215, ligne 18, lisez : *d'évaporation.*

PRÉFACE.

Les méthodes à suivre dans la culture des plantes qui fournissent le sucre, les procédés employés pour l'en extraire et pour le raffiner, ont été l'objet des recherches d'un grand nombre d'auteurs. Les travaux de MM. de Caseaux et Dutrône, sur le sucre de canne ; ceux de MM. Achard, Chaptal et Mathieu de Dombasle, sur celui de betterave, tiennent incontestablement le premier rang : aussi servent-ils de guides, dans leurs travaux, aux cultivateurs et aux raffineurs.

Après les ouvrages de ces savans, on peut encore citer plusieurs mémoires sur la fabrication et le raffinage du sucre, dont quelques-uns ne sont pas sans mérite. Malheureusement ces mémoires sont épars dans des ouvrages très-volumineux, ou peu connus, que le planteur et le raffineur n'ont guère le loisir de consulter ; aussi sont-ils restés quelquefois étrangers aux améliorations apportées dans leur art, parce qu'elles ne se sont pas trouvées décrites dans les ouvrages des auteurs que nous avons cités en premier lieu.

Ces auteurs n'ont écrit, cependant, chacun, que sur un objet spécial, et aucun d'eux n'a tracé la marche à suivre pour la culture de toutes les plantes qui peuvent fournir le sucre, les différens procédés pour son extraction suivant les plantes d'où on le retire, non plus que les opérations du raffinage, et les changemens qu'on a fait subir à celles-ci dans ces dernières années : pour connaître l'ensemble de tout ce qui a été fait à ce sujet, il faut avoir recours, ainsi que nous l'avons dit, à une foule d'ouvrages.

Nous avons pensé de réunir tous ces travaux, de les coordonner entr'eux, et de les présenter sous un format commode et peu coûteux.

Nous ne nous sommes pas contentés de présenter la description des procédés en usage ; nous avons presque toujours discuté ces mêmes procédés pour faire ressortir leurs avantages et leurs défauts, et fait pressentir les améliorations dont ils seraient susceptibles.

Nous ne croyons pas qu'aucun ouvrage sur le sucre présente autant de faits et de documens intéressans que celui que nous offrons au public; nous avons fait tous nos efforts pour ne rien omettre; et, pour que nos lecteurs puissent juger approximativement des recherches que nous avons été dans le cas de faire, nous donnons la liste de tous les ouvrages qui nous ont fourni des renseignemens utiles.

MANUEL DU FABRICANT DE SUCRE ET DU RAFFINEUR,

OU

ESSAI SUR LES DIFFÉRENS MOYENS D'EXTRAIRE LE SUCRE ET DE LE RAFFINER.

AVANT de commencer la description des moyens employés pour se procurer le sucre, et le retirer des plantes qui le contiennent, nous croyons utile de rappeler les caractères physiques et chimiques qui servent à distinguer cette substance des autres matières organiques, et en faire reconnaître les différentes espèces. Nous dirons aussi quelques mots de ses propriétés comme substance alimentaire, de ses emplois thérapeutiques, et nous terminerons en présentant les causes qui portent à croire que les anciens ont connu la canne à sucre et son produit, sinon à l'état de sucre pur, du moins à celui de *moscouade* ou *sucre brut*.

Les chimistes désignent, par le nom de *sucre*, toute substance organique soluble qui, dissoute dans l'eau et mise en contact avec le ferment, se décompose en donnant lieu à de l'alcool qui reste dans la liqueur dont on peut le séparer par la distillation, et à du gaz acide carbonique qui se dégage. Cette réaction, dans laquelle les principes constituans de certaines matières organiques se déassocient pour se combiner dans un ordre nouveau, est appelée *fermentation*. D'après cela, nous devons reconnaître aujourd'hui quatre espèces de sucre, savoir :

1.° Le sucre ordinaire, ou de cannes, qui se trouve aussi dans la betterave, les racines de chien-dent, de panais, de carottes, de patates, dans la tige de plusieurs graminées, dans la sève de l'érable, du bouleau, dans la châtaigne.

2.° Le sucre de raisin, plus abondant, il est vrai, dans le raisin, mais que l'on rencontre également dans la plupart des fruits, notamment ceux des rosacées à pepins et à noyaux, dans les figues, les dattes, les groseilles, les céréales germées, dans la tige du maïs, dans l'holcus, etc, ce sucre s'obtient aussi artificiellement, en traitant la fécule amilacée ou la fibre ligneuse par l'acide sulfurique, ainsi que Kirchoff l'a fait le premier.

3.° Celui de champignons, découvert par par M. Braconnot, dans *l'Agaricus volvaceus*, qui cristallise en prismes quadrilatères à base carrée.

4.° Le sucre que contiennent les urines de certains individus affectés d'une sorte de diabète, et connu sous le nom de *diabète sucré*.

Les caractères sur lesquels repose la distinction qu'on a établie entre ces quatre espèces de sucre, ne paraissent pas tellement tranchés qu'on ne puisse présumer que quelques-unes seront réunies un jour, lorsque leurs propriétés mieux étudiées seront plus connues.

La première de ces espèces, la seule qui soit l'objet d'une exploitation importante, sera aussi la seule dont nous nous occuperons ; ce sera donc exclusivement à cette première espèce que l'on devra rapporter les propriétés que nous attribuons au sucre. La deuxième espèce, le sucre de raisin, n'a eu qu'une importance momentanée : sa fabrication est aujourd'hui généralement abandonnée. La troisième et la quatrième ne sont intéressantes que sous le rapport de la science ;

aussi nous bornerons-nous à l'indication que nous en avons faite.

Du Sucre ordinaire ou de cannes.

Le sucre, à l'état de pureté, est solide, sans odeur, incolore et légèrement transparent, lorsqu'il est cristallisé, blanc; quand il est en masse, sa saveur est douce et agréable; si l'on frotte deux morceaux de sucre l'un contre l'autre, dans l'obscurité, il se manifeste une lueur phosphorique très-sensible: sa pesanteur spécifique, d'après Fahrenheit, est de 1,6065.

Soumis à l'action du feu, le sucre se boursouffle, se décompose en répandant une odeur de caramel, et laisse, lorsque l'opération est faite en vase clos, un charbon brillant très-volumineux.

Le sucre est très-soluble dans l'eau; beaucoup moins dans l'alcool; il cristallise facilement; ses cristaux ne contiennent presque pas d'eau de cristallisation, puisqu'ils seraient composés, d'après les expériences de M. Berzelius, de sucre réel 100

eau	5	6
	105	6

Suivant Gillot, la forme primitive des

cristaux de sucre est un prisme quadrangulaire à base de parallélograme, dont le petit côté est au grand :: 7 : 10 ; et la hauteur du prisme, moyenne proportionnelle entre les deux dimensions de ce parallélogramme. La forme qu'il affecte le plus ordinairement est un prisme quadrangulaire surmonté par un sommet à deux faces (1).

Les dissolutions de sucre exposées pendant fort long-temps à une température de + 60° à 80° centigrades, se colorent, et le sucre qu'elles contiennent perd la propriété de cristalliser.

Les alcalis, tels que la chaux, la potasse, la baryte, etc., versés dans des dissolutions de sucre, se combinent avec lui sans l'altérer ; ces composés, d'une saveur amère et astringente, sont incristallisables ; les acides, en s'emparant des bases, rendent au sucre, de ces dissolutions, ses propriétés primitives. Des expériences ont appris que, si une combinaison semblable avec la chaux est abandonnée à elle-même pendant plusieurs mois, il se dépose d'abord du carbonate de chaux en rhomboïdes très-aigus, qu'ensuite le sucre se décompose et se transforme

---

(1) *Annales de Chimie*, tom. 18, pag. 317.

en une substance mucilagineuse ayant la consistance de l'empois (1).

Différens oxides, particulièrement le protoxide de plomb, peuvent s'unir avec le sucre ; cette combinaison est également détruite par les acides. Parmi les acides, ceux qui sont forts et concentrés paraissent être les seuls qui aient une action sur le sucre. L'acide sulfurique, à la température ordinaire, le colore à l'instant en brun marron, sans qu'il y ait dégagement de gaz sulfureux, ce qui prouve que l'acide n'est pas décomposé ; la majeure partie du sucre est détruite ; celle qui reste a perdu la faculté de cristalliser.

L'acide hydrochlorique agit sur le sucre avec une énergie presque égale à celle de l'acide sulfurique : ses effets sont les mêmes.

L'acide nitrique et le sucre mis en contact se décomposent réciproquement ; ce dernier

---

(1) Cette propriété de faire passer la chaux à l'état de carbonate cristallisé, n'est pas particulière au sucre. Ayant abandonné, à vase ouvert, un mélange d'eau de chaux et de potasse à l'alcool, nous avons remarqué qu'il se déposait de petits rhomboïdes très-nets que nous nous sommes assurés n'être que du carbonate de chaux pure. Le sucre et la potasse agissent-ils dans l'un et l'autre cas de la même manière ? L'action est-elle chimique ou purement mécanique ? C'est ce qu'apprendront des recherches ultérieures.

passe successivement à l'état d'acide malique et ensuite d'acide oxalique, si toutefois la proportion d'acide nitrique est suffisante.

Lorsqu'on verse du chlore liquide sur du sucre réduit en poudre, celui-ci est dissous et transformé immédiatement en acide malique ; le chlore lui-même est converti en acide hydrochlorique.

La propriété dont jouit le sous-acétate de plomb, de précipiter la plupart des substances végétales, tandis qu'il ne précipite pas le sucre, peut être mise à profit pour le séparer de presque toutes ces substances.

On doit à M. Vogel des recherches intéressantes sur l'action du sucre, sur les sels métalliques : elles font voir qu'à l'aide de la chaleur, et par l'intermédiaire de l'eau, le sucre est susceptible de décomposer :

1.° Les dissolutions de cuivre, savoir : l'*acétate*, l'*hydrochlorate*, le *nitrate* et le *sulfate de cuivre :* ce dernier est précipité à l'état métallique ; les oxides des trois premiers sont ramenés à un degré moindre d'oxigénation ;

2.° Les *nitrates d'argent et de mercure*, l'*hydrochlorate d'or* qu'il réduit ;

3.° Il ramène à l'état de *mercure doux* le *sublime corrosif*, et l'*acétate de peroxide de mercure* à celui de *proto-acétate ;*

4.° Il fait passer à l'état de *protoxides* les

peroxides de mercure et l'*oxide noir de plomb* (1).

Lavoisier fut le premier qui reconnut les principes constituans du sucre ; MM. Gay-Lussac et Thénard, d'une part, et M. Berzelius, de l'autre, en ont déterminé les proportions ; comme leurs analyses présentent quelques différences, nous les rapporterons toutes les deux :

Suivant MM. Gay-Lussac et Thenard.	En poids.		Suivant M. Berzelius.	En poids.	
Carbone	42	47	Carbone . .	44	200
Oxigène	50	63	Oxigène. . .	49	015
Hydrogène . . .	6	90	Hydrogène.	6	785
	100	00		100	000

Considéré comme substance alimentaire, le sucre a eu des prôneurs et des détracteurs également outrés ; les premiers, au nombre desquels on compte Rouelle, l'aîné, qui l'appelait le plus parfait des alimens, ont vanté ses facultés nutritives : ils ont rapporté des exemples de longévité qu'ils ont attribués à l'usage du sucre ; ils ont cité le roi de

(1) *Journal de Pharmacie* du mois de juin 1815.

Cochinchine, qui entretient une garde de cent hommes, auxquels il accorde une haute-paie pour le sucre et les cannes à sucre que la loi les oblige de manger tous les jours, afin d'entretenir leur embonpoint. Ils ont fait observer que les nègres nourris de vesou, et les animaux qui mangent de la bagasse, acquièrent rapidement un embonpoint remarquable.

Les derniers prétendent, au contraire, que son usage fréquent a pour effet constant d'affadir le goût, de rendre la bouche pâteuse, d'exciter la soif, de causer des tiraillemens, des ardeurs d'estomac ou d'entrailles ; ils s'appuyent du témoignage de Boerhaave, qui le croyait propre à faire maigrir, et surtout des expériences de Stark. Ce dernier essaya de se nourrir, pendant quelque temps, uniquement avec du pain, de l'eau et du sucre, en commençant par quatre onces de celui-ci, et portant successivement cette quantité à huit, à seize, et enfin à vingt onces par jour. Il ne tarda pas à éprouver des nausées, des flatuosités, l'intérieur de la bouche devint enflammé, les gencives rouges et gonflées ; les déjections alvines se répétèrent fréquemment, des hémorragies se produisirent, et enfin apparition de taches livides sur l'omoplate du côté droit.

Aujourd'hui on est généralement convaincu que, pris rarement et à petites doses, le sucre facilite la digestion; il semble convenir surtout aux personnes lymphatiques; il favorise chez elles la digestion des autres substances alimentaires, et spécialement du chocolat, du lait, de certains fruits charnus, tels que les pêches, les fraises, etc. Il paraît moins utile, ou même contraire, aux hypocondriaques, aux rachitiques, aux individus dont la constitution est sèche ou la sécrétion biliaire fort active.

D'après les expériences de Carminati (1), le sucre est d'autant moins nuisible aux animaux qu'ils se rapprochent plus de l'homme par leur organisation; ainsi il tue les lézards et les grenouilles, soit qu'ils le prennent à l'intérieur, soit qu'on l'applique à l'extérieur ou qu'on l'introduise sous la peau. Il agit de même sur les colombes, quelquefois aussi, mais plus rarement sur les poules, auxquelles on le donne comme aliment; il n'a aucun effet sur les chiens, les moutons, etc.

M. Magendie a confirmé, en 1816, par de nouvelles expériences, celles de Carminati; tout en prouvant cependant que le sucre pur, donné comme aliment exclusif, ne peut suf-

(1) *Opusc. Therap.* vol. 1.

fire à l'alimentation des chiens, et très-probablement de l'homme.

M. Gallet, *ex*-pharmacien en chef des armées, a fait connaître le premier, il y a environ 25 ans, l'action du sucre sur l'acétate de cuivre, *vert-de-gris*, et le succès qu'il avait obtenu sur lui-même dans un cas d'empoisonnement par cette substance. Cette découverte, fort importante, a été depuis confirmée par de nombreuses expériences; il faut seulement se rappeler que le sucre, n'ayant d'action sur les sels métalliques que par l'intermédiaire de l'eau, il faut l'administrer dissous dans l'eau, ou mieux encore à l'état de sirop.

Le sucre n'a point été totalement inconnu aux anciens; c'est lui que désignaient les médecins grecs par le nom de *sel indien*. Paul Æginète, lib. 11. cap. de *Linguæ asperitate*, dit, en propres termes : *Ex sententiâ Archigenis est sal indicus colore quidem concretioneque, vulgari sali similis, gustu autem et sapore melleus* (1). On lit également, dans Dioscoride, qui vivait long-temps avant Pline :

---

(1) Au dire d'Archigène, (célèbre médecin grec, né à Apamée, en Syrie, qui vint à Rome où il exerçait la médecine sous les règnes de Domitien, Néron et Trajan), le sel indien ressemble, par la couleur et la dureté, au sel ordinaire; mais, par sa saveur douce, il se rapproche du miel.

Vocatur et quoddam saccharum, quod mellis genus est in Indiâ et felici Arabiâ concreti; invenitur id in arundinibus, concretione suâ sali simile, et quod dentibus subjectum, salis modo friatur. De medicinali materiâ (1).

Le premier auteur qui ait fait mention du sucre est Théophraste, qui, dans un fragment conservé par Photius, dit, en parlant du miel, que *la troisième espèce vient des roseaux:* ἀλλε δε εν τοισ χαλαμοισ.

On trouve dans Sénèque (*Epist.* 85): *Aiunt inveniri apud Indos mel in arundinum foliis, quod aut ros illius cœli, aut ipsius arundinis humor dulcis et pinguor gignat* (2).

Lucain, neveu de Sénèque, faisant l'énumération des soldats qui combattaient sous les ordres de Pompée, désigne assez clairement le sucre, quand il dit, en parlant des Indiens, qui faisaient une boisson avec le jus exprimé de la canne :

---

(1) Dans l'Inde et dans l'Arabie heureuse, on donne le nom de sucre à une espèce de miel solide, produit par des roseaux; sa forme lui donne l'apparence du sel; mis sous la dent, il se brise aussi comme le sel.

(2) On dit que les Indiens recueillent une sorte de miel sur les feuilles des roseaux, soit qu'il s'y trouve déposé par la rosée du ciel, ou qu'il provienne de l'écoulement du suc doux et épais du roseau même.

Quique bibunt tenerâ dulces ab arundine succos (1).

Dans des vers rapportés par Isidore, P. Terentius Varro Atacinus s'exprime ainsi :

Indica non magnâ nimis arbore crescit arundo ;
Illius è lentis premitur radicibus humor,
Dulcia cui nequeant succo contendere mella (2).

D'après toutes ces autorités, il est incontestable que le sucre a été connu des anciens à une époque antérieure à l'ère chrétienne; que c'était des contrées au-delà du Gange qu'il était apporté aux Grecs et aux Romains qui le croyaient une exsudation mielleuse de la cannamelle. Il faut remarquer cependant que ce sucre, bien loin d'être pur, n'était, à proprement parler, qu'une mélasse, ou le suc épaissi de la canne.

On voit également, par les passages des différens auteurs que nous avons rapportés, et par quelques autres encore, que le sucre, tel qu'ils le connaissaient, était rare, que ses usages étaient très-bornés; Pline dit même qu'on ne l'employait qu'en médecine : « *Ad*

---

(1) Ceux-ci s'abreuvent des sucs doux d'un faible roseau.

(2) Le roseau de l'Inde n'arrive jamais qu'à la hauteur d'un arbrisseau ; le suc que l'on retire de ses tiges et de ses racines ne le cède en rien au miel pour la douceur.

medicinæ tantum usum. » Mais il serait fort difficile d'assigner une époque à la connaissance du sucre par chez les Indiens et chez les autres peuples de la partie au-delà du Gange, où, d'après Kurt Sprengel, dans son *Historia rei herbariæ*, tom. 1, page 245, la canne croît spontanément dans l'état sauvage; notamment sur les rives de l'Euphrate, près d'Almansur, et aussi vers Siraf, aux Indes. M. de Humboldt, (*Essai politique sur la Nouvelle-Espagne*, tome 2, page 425, in-4.°,) présume, d'après des anciennes porcelaines de Chine, dont les peintures semblent représenter les divers travaux de l'extraction du sucre, que cette fabrication doit remonter dans cet empire à une antiquité très-reculée, et peut-être immémoriale.

Une autre question, vivement controversée par les naturalistes, et sur laquelle les opinions sont très-différentes, est de savoir si la canne à sucre est indigène au Nouveau-Monde, ou si elle y a été transportée des Indes orientales.

Dans un ouvrage publié en 1742, le père Labat (1) affirme que la canne à sucre croît naturellement aussi bien en Amérique qu'aux

---

(1) *Nouveau Voyage aux îles d'Amérique,* tom. 3, pag. 326 et suiv.

Indes ; il prétend que les Espagnols et les Portugais, *qui l'y trouvèrent lors de leurs* premières invasions, apportèrent seulement l'art d'en exprimer le jus, de le cuire, et de l'amener à l'état de sucre, qu'ils tenaient des Orientaux. A l'appui de cette assertion, il cite, entre autres autorités, le témoignage de l'Anglais Thomas Gage, qui fit un voyage à la Nouvelle-Espagne, en 1628, et qui met la canne à sucre au nombre des provisions que lui fournirent les Caraïbes de la Guadeloupe. Le traité des plantes de l'Amérique de François Ximénès, imprimé à Mexico, dans lequel il est dit que la canne à sucre vient naturellement sur les bords de la rivière de la Plata, et qu'elle y acquiert une grande hauteur, est également cité par le père Labat, qui rapporte en outre que Jean de Lery, ministre calviniste, qui alla en 1556 joindre le commandeur de Villegagnon, au fort de Coligny, qu'il avait bâti dans une île de la rivière Janéiro, au Brésil, assure avoir trouvé des cannes à sucre en grande quantité dans différens lieux voisins de ce fleuve, dans lesquels les Portugais n'avaient point encore pénétré. Le père Hennepen et quelques autres voyageurs certifient pareillement l'existence de la canne à sucre dans les contrées voisines de l'embouchure du Mississipi ; et Jean de Laet dit l'avoir vue à l'état sauvage dans l'île de

Saint-Vincent. De là on tire la conséquence que les Espagnols et les Portugais n'ont fait qu'enseigner les procédés d'extraction du sucre aux habitans de l'Amérique, et qu'ils ne leur ont point apporté la canne, que ceux-ci possédaient déjà. Nous devons ajouter que cette opinion a acquis un grand caractére de vérité, depuis la découverte faite par le célèbre navigateur Cook, de la cãnne à sucre, dans plusieurs îles de l'Océan pacifique.

D'autres écrivains prétendent, au contraire, que la canne à sucre n'existait point en Amérique avant les voyages des Européens; que cette plante, originaire de l'intérieur de l'Asie, très-probablement même de l'empire de la Chine, où sa culture est encore *aujourd'hui très-répandue*, fut transplantée d'abord à Chypre, et de là en Sicile, suivant quelques auteurs, tandis que d'autres pensent que ce furent les Sarrasins qui l'apportèrent directement de l'Inde dans cette dernière île, où, dès l'an 1148, on récoltait une assez grande quantité de sucre. Lafitau rapporte la donation faite par Guillaume, second Roi de Sicile, au couvent de Saint-Benoît, d'un moulin à écraser les cannes à sucre, avec tous ses droits, ouvriers et dépendances: cette donation porte la date de l'année 1166. Suivant Lafitau, la canne à sucre aurait été apportée en Europe à l'époque des Croisades. Le moine Albert Aquensis, dans la description qu'il a donnée des procédés employés à Acre et à Tripoli pour extraire le sucre, dit que, dans la Terre-Sainte, les soldats chrétiens, manquant de vivres, eurent recours aux cannes à sucre qu'ils suçaient pour subsister. Vers l'an 1420, Dom Henri, régent de Portugal, fit transporter la canne à sucre de la Sicile à Madère. (1) Herrera, historien américain, croit que ces cannes venaient de Grenade, et plus anciennement du royaume de Valence, où les Maures avaient naturalisé leur culture. La canne réussit parfaitement à Madère et aux îles Canaries; et, jusqu'à l'époque de la dé-

(1) M. Virey, dans un mémoire où nous avons puisé des renseignemens qui nous ont été fort utiles, croit même que l'existence des cannes à sucre, tant à Madère qu'aux Canaries, les îles fortunées des anciens, remonte à une plus haute antiquité. A l'appui de cette opinion, il rapporte, d'après Juba, ce passage remarquable de Pline: *In quidam ex insulis fortunatis ferulas surgere ad arboris magnitudinem, candidas, quæ expressæ liquorem fundunt potui jucundum.* « Dans quelques-unes des îles fortunées croissent aussi » hautes que des arbres des férules blanches, dont » on exprime un jus agréable à boire. » M. Virey rappelle que Saumaise prétendait que ces férules ne pouvaient être que la canne à sucre.

(*Journal de Pharmacie*, tom. II, pag. 385.)

couverte de l'Amérique, ce furent ces îles qui approvisionnèrent l'Europe de la majeure partie du sucre qui s'y consommait. Des Canaries la canne passa au Brésil; quelques personnes croient cependant qu'elle y fut portée par les Portugais, de la côte d'Angola en Afrique. Enfin la canne fut transportée, en 1506, du Brésil et des Canaries, à Hispaniola, aujourd'hui Saint-Domingue, où l'on construisit successivement plusieurs moulins à cannes. Il paraîtrait cependant, d'après ce que dit Pierre Martyr, dans le troisième livre de sa première décade, écrite pendant la seconde expédition de Christophe Colomb, qui eut lieu de 1493 à 1495, que déjà, à cette époque, la culture de la canne était très-répandue à Saint-Domingue; mais on pourrait supposer qu'elle y avait été apportée par Colomb même, à son premier voyage, avec d'autres productions de l'Espagne et des Canaries, et que cette culture était en pleine activité lors de la seconde expédition. Vers le milieu du dix-septième siècle, la canne à sucre fut portée du Brésil aux Barbades, dans les autres possessions anglaises, dans les îles espagnoles de l'Amérique, au Mexique, au Pérou, au Chili, et enfin dans les colonies françaises, hollandaises et danoises.

Pour concilier deux opinions si différentes, M. B. Edwards (1) a supposé que la canne à sucre croissait naturellement dans plusieurs parties du Nouveau-Monde ; mais que Christophe Colomb, qui devait nécessairement l'ignorer, avait pu en porter des plantes à Saint-Domingue. Cette explication pourrait bien être la vérité.

Quoiqu'il en soit, que la canne à sucre soit naturelle à l'Amérique, ou qu'elle y ait été portée, sa culture y a reçu un tel développement, que son produit est aujourd'hui, à lui seul, plus important que toutes les autres denrées réunies que l'on en retire. C'est aussi en raison de cette importance qu'elle mérite davantage de fixer toute notre attention. Aussi croyons-nous faire plaisir à nos lecteurs, en entrant dans quelques détails sur ses caractères botaniques et sur sa culture.

Caractères botaniques de la canne à sucre.

La canne à sucre ou canamelle, « *Arundo saccharifera*, » est une plante de la famille des graminées ; sa hauteur varie depuis huit à dix, jusqu'à vingt pieds ; son diamètre est d'environ un pouce et demi ; sa tige est lourde, cassante, d'un vert qui vire au jaune aux ap-

(1) *Edward's History of the west Indies.*

proches de sa maturité ; elle est partagée par des nœuds saillans, circulaires, dont le plan est perpendiculaire à l'axe de la tige, d'un jaune blanchâtre, placés à trois pouces à-peu-près les uns des autres ; de ces nœuds partent des feuilles qui tombent à mesure que la canne mûrit ; ces feuilles, longues de trois à quatre pieds, planes, droites, pointues, larges d'un à deux pouces, d'un vert glauque, striées dans leur longueur, alternes, embrassent la tige par leur base ; elles sont garnies sur les côtés d'une dentelure presque imperceptible. A onze ou douze mois de croissance, les cannes poussent à leur sommet un jet de sept à huit pieds de hauteur, de cinq à six lignes de diamètre, lisse, sans nœuds ; on l'appelle *flèche* ; il se termine par un panicule ample, long d'environ deux pieds, divisé en plusieurs ramifications noueuses, composées de fleurs très-nombreuses, blanchâtres, apétales, et fournies de trois étamines, dont les anthères sont un peu oblongues. Les racines de la canne à sucre sont géniculées, presque cylindriques ; leur diamètre est à-peu-près d'une ligne ; leur plus grande longueur, d'un pied au plus ; elles offrent dans leur étendue quelques radicules courtes et peu nombreuses.

La tige de la canne, dans sa maturité, est

pesante, très-lisse, cassante, d'une couleur jannâtre, violette ou blanchâtre, selon la variété; elle est remplie d'une moëlle fibreuse, spongieuse, d'un blanc sale, qui contient un suc doux, très-abondant; ce suc est élaboré séparément dans chaque entre-nœud, dont les fonctions sont à cet égard indépendantes de celles des entre-nœuds voisins; cette plante se reproduit par graine ou par bouture, avec une égale facilité. On en connaît plusieurs variétés; la première, la plus anciennement connue, est la canne à sucre de l'Asie ou commune, autrement dite *canne créole;* c'est celle qui a été portée à Madère; elle croît aisément partout, entre les tropiques, dans les terrains humides, jusqu'à une élevation de 500 toises au-dessus du niveau de la mer; dans l'empire du Mexique, même au milieu des montagnes de Cundina-Masca, sa culture peut se faire jusqu'à 600 et même 900 toises au-dessus de ce niveau. On sait cependant qu'elle donne d'autant plus de sucre solide et bien cristallisable, qu'elle croît dans une région plus méridionale, et dans des lieux qui ne sont pas trop humides ou inondés.

Vient ensuite la *canne d'Otahiti*, transportée de cette île à Antigone, une des petites Antilles, et enfin sur le continent américain, vers la fin du dix-huitième siècle, par les soins des Français et des Anglais. Cette variété, plus forte, plus élevée, à plus longs entre-nœuds, plus hâtive, produisant une plus grande quantité de matière sucrée, réussit très-bien dans des terrains qui semblent trop appauvris pour nourrir la canne ordinaire; elle pousse à des températures qui arrêtent la croissance et le développement de celle-ci; sa maturité, dont le terme n'excède point une année, est quelquefois atteinte au bout de neuf mois; sa tige forte, ses fibres ligneuses, font qu'elle résite aux grands vents; elle fleurit davantage, pèse un tiers de plus, fournit un cinquième de suc de canne de plus, et un sixième de sucre; son grand avantage surtout est de donner quatre récoltes, quand la canne des Antilles n'en donne que trois; son suc contient moins de parties mucilagineuses et de fécules, ce qui peut faciliter la cristallisation du sucre qui est également plus beau, le principe colorant, mêlé avec le suc de canne, ne s'y trouvant qu'en proportions assez petites; les procédés, pour l'extraction de son sucre, sont les mêmes que ceux en usage pour celui de la canne ordinaire. Les Anglais ont beaucoup multiplié la canne d'Otahiti dans leurs colonies, notamment à la Jamaïque.

Indépendamment de ces deux sortes de cannes, M. de Tussac, dans sa *Flore des*

Antilles, tom. I., pag. 160, fig. 25; et MM. de Humboldt et Bonpland, *Nov. Gener. et Speci. plan.* tom. I., pag. 146, décrivent la canne à sucre *violette*, « *saccharum violaceum ;* » car elle a son chaume et ses feuilles de cette couleur ; ils lui assignent les caractères suivans : un panicule étalé, des épis triandriques, les glumes à quatre navures, avec de très-longs poils sur le dos ; cette canne a été apportée depuis 1782 de Batavia ; on la cultive comme les précédentes, seulement elle préfère les terres vieilles et un peu sèches ; elle fleurit un mois plutôt que les autres espèces, c'est-à-dire en août ; toutefois on n'en retire que peu de sucre solide qui conserve même une teinte violette ; mais la grande abondance de sucre liquide qu'elle fournit la rend plus propre à donner de la mélasse, que l'on fait fermenter pour la distillation du rhum ; c'est effectivement de cette canne violette que vient aujourd'hui la majeure partie des rhums des colonies ; on est même porté à croire qu'elle donne une saveur particulière à cette sorte d'alcool.

Telles sont les trois sortes de cannes à sucre que l'on cultive dans les colonies, savoir :

Saccharum officinarum, L. var. commune, la canne créole, dite *des Espagnols*, la plus anciennement connue.

Id. Var. Tahitense, la canne d'Otahiti, plus récemment introduite.

Id. Violaceum, Tussac, *Flore des Antilles*; il en existe une variété à feuilles vertes, selon Dutour. *Nouv. Dict. d'hist. nat. et d'agriculture.*

Dans son *Précis sur la Canne à sucre*, publié à Paris, en 1790, M. Dutrône divise la canne des Antilles en *canne de constitution forte*, et *canne de constitution faible*; il distingue encore dans ces deux états des nuances particulières, d'où naissent des sous-divisions qu'il désigne par *canne de constitution forte au premier, au deuxième et au troisième degré*; *canne de constitution faible, mais bonne, de constitution faible et mauvaise.* Cette division nous semble vicieuse, attendu que les différences qu'établit M. Dutrône entre les cannes ne peuvent pas caractériser de véritables variétés, et qu'elles ne sont probablement que relatives à la nature du sol dans lequel la canne a été plantée.

On pourrait en dire autant des trois espèces cultivées aux îles Moluques, et décrites par *Rumphius Ambohn*, tom. 5, qui semblent n'être que des variétés de l'espèce commune dues à la diversité des climats. La canne à sucre du Japon, ou le Boo de Kœmpfer " *Saccharum Japonicum*, L", ne serait, selon quelques botanistes, qu'une graminée du genre *Erianthus.*

Culture de la Canne à sucre.

La nature du sol, le climat, la variété de cannes que l'on veut planter, sont autant de circonstances qui ont une trop grande influence sur les produits qu'on obtiendra, pour qu'un planteur puisse se dispenser, nous ne dirons pas d'en tenir compte, mais de les étudier avec soin, afin de se prémunir contre les inconvéniens qui pourraient en être la suite, ou de profiter des avantages que la connaissance de leur action est dans le cas de lui présenter. C'est ainsi qu'une sorte de cannes réussira mal dans un terrain, ou même dans un pays qui conviendra parfaitement à une autre variété. L'époque de la plantation et conséquemment celle de la récolte, les soins que l'on apportera à la culture, les engrais qu'on mettra en quantités plus ou moins grandes, différentes influences locales, sont autant de causes susceptibles d'augmenter ou de diminuer le produit d'un champ de cannes, suivant qu'on se sera placé dans des circonstances plus ou moins favorables. Il serait impossible, inutile même, de chercher à entrer dans des détails aussi compliqués, qui ne trouveraient du reste leur application que pour une seule localité. Nous devons nous borner, dans un ouvrage du genre de celui-ci, à des généralités; c'est aux planteurs instruits à rechercher toutes les causes qui peuvent multiplier en leur faveur les chances d'après lesquelles ils pourront raisonnablement espérer des récoltes d'un produit à-peu-près constant.

Dans les lieux humides et les terres fortes, les cannes viennent généralement plus grandes et plus grosses, mais leur suc est moins riche en matière sucrée; dans les terres arides, cette plante prend peu d'accroissement et contient peu de jus: une terre meuble entre ces deux extrêmes paraît être celle qui donne les produits les plus avantageux. La première opération à faire pour planter un champ de cannes est de creuser des fosses ou tranchées de 18 pouces de longueur, de 12 pouces de largeur sur 6 de profondeur, suivant l'abbé Raynal. Suivant M. de Caseaux, on donne ordinairement aux fosses 15 à 18 pouces en carré et une profondeur de 8 à 10 pouces, jugée nécessaire pour que les racines, pénétrant plus avant, trouvent plus de nourriture. Cette différence, relativement aux dimensions des fosses, qui se trouve entre Raynal et M. de Caseaux, donne lieu de croire qu'ils ne parlent pas de la culture des mêmes lieux. La terre, fouillée à la houe, est mise sur le bord pour servir à recouvrir les plants; le centre d'une fosse est éloigné de quatre à cinq pieds de celui d'un autre; on conserve cette distance pour que l'air puisse circuler entre les cannes, et favoriser leur maturité. D'un côté, les fosses sont séparées par un intervalle nu, et de l'autre, par la terre de la fouille. Cette disposition, lorsque la terre est travaillée en entier, forme des espèces de sillons dont l'élévation présente une profondeur de 15 à 18 pouces, quoiqu'on n'ait réellement pénétré qu'à huit pouces. Les fosses ouvertes, ainsi que nous venons de le dire, on laisse la terre exposée à l'action de l'air et du soleil, plus ou moins de temps; pour qu'elle se divise et devienne ainsi plus légère et plus aérée.

Les terres des habitations à sucre sont divisées en pièces de trois, quatre ou cinq carreaux; on leur donne, autant que le permettent les localités, une disposition carrée; on laisse entre elles des intervalles d'environ vingt pieds de large, pour le passage des charrettes, et pour les isoler plus aisément en cas d'incendie.

La nature du fond et celle de la canne qu'on y cultive, peuvent seules déterminer la qualité et la quantité de fumier à employer. On sait que les terrains très-compacts exigent des fumiers peu consommés, des sables et autres matières propres à les diviser et les soulever, tandis que, dans les terrains légers, on doit mettre des fumiers réduits en terreau, ou des terres argileuses, pour les rendre plus capables de conserver l'eau des pluies. Les engrais les plus généralement employés sont les *pailles* (1) des cannes, et le fumier des chevaux, des mulets et des autres animaux employés dans la plantation ; souvent aussi on brûle sur la terre les pailles des anciennes cannes; cette méthode n'est pas sans avantages : elle amende la terre et détruit beaucoup d'insectes, particulièrement des fourmis.

On a tenté plusieurs fois de substituer l'emploi de la charrue à celui de la houe ; ces tentatives ont constamment échoué; cependant, des essais faits avec plus de discernement et surtout plus de persévérance ont eu dans ces dernières années un plein succès.

Quoique nous ayons dit que la canne à sucre se propage également bien par semence et par bouture, il faut remarquer, cependant, que, dans toutes les colonies du Nouveau-Monde, la canne à sucre fleurit bien, mais elle y *flèche*, c'est-à-dire, que ses tiges s'allongent, et que les germes avortent; aussi ne peut-on la multiplier que par boutures. Ce fait s'observe pour un grand nom-

(1) C'est le nom qu'on donne aux feuilles de cannes.

bre d'autres végétaux cultivés, qu'on multiplie par leurs racines et qui cessent dès-lors de donner des semences fécondes; tels sont le bananier, l'arbre à pain, et chez nous le lys et les tulipes.

Pour reproduire la canne de boutures, on coupe, à 18 pouces de longueur, les sommités des cannes parvenues à tout leur développement, pour servir de plant. Cette partie, étant plus tendre que le corps de la canne, se laisse aisément pénétrer par l'humidité, et les racines s'y développent plus promptement; les boutons qui contiennent le germe y sont en outre plus rapprochés. Dans quelques colonies, on laisse pousser jusqu'en novembre les rejetons des cannes coupées en février, pour en faire du plant.

L'époque de la plantation varie beaucoup dans les divers établissemens des Européens en Amérique; on se règle moins sur les lois et les indications de la nature que sur la nécessité de combiner entre eux les travaux de la plantation et ceux qui ont pour objet l'extraction du sucre; malheureusement, cette combinaison est plus souvent le résultat de la routine que la conséquence de connaissances raisonnées. C'est ainsi que, dans les habitations où l'on n'a qu'un petit nombre de nègres, on se trouve forcé de fabriquer le sucre pendant toute l'année : aussi les cannes sont-elles plantées lorsque le reste du travail le permet plutôt que dans le temps le plus favorable (1).

Après avoir distribué du fumier mêlé de terre dans chaque fosse, on y couche presque horizontalement deux, et quelquefois trois boutures, que l'on recouvre d'un pouce ou deux de terre seulement, afin que la fosse puisse retenir les eaux de pluie et d'arrosage. Si l'on plante dans un fond, il faut au contraire, en remplissant le trou, presque niveler le terrain ; sans cela, les eaux, à la saison des pluies, y séjourneraient et feraient pourrir les

---

(1) Le système suivi par les colons qui ont à leur disposition un plus grand nombre de nègres, consiste :

1.° A planter en octobre, novembre et décembre, le quart ou le cinquième de la terre destinée aux cannes, parce qu'alors tous les autres travaux étant finis, on est tout entier à cette opération importante ;

2.° A faire des fosses très-profondes pour que les cannes trouvent plus de nourriture dans une plus grande profondeur ;

3.° A planter à de grandes distances, pour que l'air circule mieux entre les plantes et leur procure une maturité plus parfaite ;

4.° Enfin, de faire la récolte pendant les quatre mois de la plus belle saison, février, mars, avril et mai, parce qu'alors le sucre se fait plus aisément plus beau, et que les cannes en donnent, dit-on, une plus grande quantité.

plantes ; on pratique même au besoin des saignées ou rigoles pour leur écoulement.

Un avantage immense pour un propriétaire de sucrerie est d'avoir à sa disposition une quantité d'eau suffisante pour arroser les jeunes cannes dans des temps de sécheresse. L'organisation de la canne à sucre annonce évidemment qu'elle consomme beaucoup d'eau dans sa végétation et dans l'élaboration de ses sucs, et qu'elle doit, par conséquent, exiger, pour prospérer, d'être arrosée de temps en temps ; aussi cette plante préfère-t-elle les terrains humides ; et l'expérience apprend qu'elle végète avec d'autant plus de force et d'activité qu'elle reçoit une plus grande quantité d'eau, soit de pluie, soit d'arrosage. Le gouvernement de Saint-Domingue avait tellement senti l'importance d'arroser les plantations à sucre, qu'il avait lui-même fait faire d'immenses et utiles travaux pour procurer l'eau de la grande rivière aux habitations d'un des plus riches quartiers de l'arrondissement du Cap, appelé le *quartier Morin ;* il avait fait l'avance de ces frais, dont il se dédommageait par un impôt annuel, proportionné sur toutes les habitations qui en profitaient.

Il est nécessaire que les cannes prennent un développement prompt et facile : l'une des conditions essentielles à ce résultat, c'est qu'elles soient débarrassées des mauvaises herbes et des broussailles qui ne tardent pas, après la plantation, à les environner de toutes parts ; un des soins les plus importans consiste donc dans leur destruction : on y parvient par différens sarclages. On choisit, autant que possible, un temps sec pour sarcler, afin que les herbes parasites, arrachées, sèchent et meurent promptement. A chaque sarclage, qu'on réitère jusqu'à quatre fois, on fait à chaque fois tomber dans la fosse un peu de la terre qui est en réserve sur les bords; au dernier, on rechausse les cannes, qui ont déjà deux pieds au moins, avec le reste de la terre, et on les fume. Parvenues à une hauteur de trois pieds, les cannes couvrent tellement la terre de leurs feuilles sèches qu'elles dispersent de tous côtés, qu'elles étouffent sans peine les autres plantes : aussi, à partir de cette époque, les sarclages ne sont-ils plus nécessaires. Tous les plants qu'on a mis dans la terre ne réussissent pas ; il est indispensable de remplacer ceux qui n'ont pas réussi : on appelle cette opération *recourage*; il arrive souvent qu'on est obligé de recourer une plantation deux et même trois fois, suivant que la saison a été plus ou moins favorable. De là résulte qu'au moment de la récolte d'un champ de cannes, on coupe des cannes de différens âges et à des états de maturité très-différens.

Les cannes *flèchent* au mois d'août, c'est-à-dire, vers le dixième mois de leur plantation ; au moment de la floraison, la canne est *creuse* ; aussi se garde-t-on bien de la récolter à cette époque ; la végétation rapide de la flèche et de l'ample panicule qui la surmonte semble épuiser tout le suc de la canne ; il s'en secrète de nouveau après la chute des fleurs.

A mesure que les feuilles acquièrent leur développement, elles jaunissent, se dessèchent et tombent ; la canne elle-même est parvenue à sa maturité complète au bout de seize à dix-huit mois pour les cannes plantées ; la maturation des pousses provenant de rejetons a lieu plutôt ; elle est terminée en quinze mois au plus.

On récolte les cannes en les coupant par le pied avec un coutelas ; on s'y prend de manière à couper la tige en *sifflet* ; cette forme est utile pour que les cannes s'engagent plus facilement entre les cylindres ; on divise chaque tige en morceaux de trois à quatre pieds de long ; on les met en paquets et on les porte au moulin sur de petites charrettes appelées *labrouets*, qui sont traînées par des bœufs ou des mulets ; on les jette dans une enceinte dite *Parc aux cannes*, qui est très-voisine de l'endroit où sont les cylindres.

M. de Caseaux, planteur fort instruit, qui était habitant et propriétaire à la Grenade, a fait sur la culture de la canne, sur l'époque de la plantation, son développement, etc., des observations fort judicieuses; il a proposé un système de culture, fruit d'une longue pratique et d'un grand nombre d'expériences, qui diffère de celui que nous venons d'exposer en plusieurs points, et dont nous croyons devoir donner au moins un aperçu (1).

Dans ce système, les six premiers mois de l'année sont exclusivement employés à la récolte et aux travaux de la sucrerie; les pièces de cannes, coupées en janvier, sont plantées en mai et juin, ce qui entraîne la nécessité de récolter les rejetons à onze mois, au lieu de ne les couper que vers la fin du douzième, comme aussi celle de faire la récolte des cannes plantées à douze mois au lieu de les couper seulement après le quinzième; ainsi l'on coupe chaque année toute la terre destinée aux cannes, mais on ne renouvelle annuellement que le sixième de la plantation. M. de Caseaux a minutieusement développé

---

(1) *Essai sur l'art de cultiver la Canne et d'en extraire le sucre*. Par de C.***x; à Paris chez Clousier, 1781.

les raisons qui lui font regarder ce mode de plantation comme préférable à l'ancien ; une de celles sur lesquelles il insiste le plus, est la nécessité de planter la canne dans l'unique saison qui soit propre à hâter et entretenir son développement ; il fait remarquer que, dans les Antilles, du 15 février au 15 mai, il fait ordinairement sec ; les pluies modérées jusqu'en août sont très-fortes pendant les deux ou trois mois suivans ; elles diminuent ensuite jusqu'en février ; elles augmentent pour ainsi dire avec les cannes plantées en mai ; faibles d'abord, ensuite plus considérables et par averses lorsque les cannes sont assez grandes pour ne plus les redouter ; cessant enfin par degrés à mesure qu'approche le temps connu pour être le plus favorable à la coupe.

Voici quelques-unes des observations sur lesquelles se fonde M. de Caseaux, pour ne pas laisser ses cannes en terre au-delà du 12.e mois. Après avoir reconnu que la saison qui précède les pluies est la plus favorable à la plantation des cannes, pour que les plantes acquièrent la force nécessaire pour résister à une trop grande humidité, il ajoute : La formation des nœuds de la canne est d'autant plus prompte, leur grosseur et leur longueur sont d'autant plus considérables, que la saison est plus favorable, et le sol plus propice à cette culture. Le premier nœud qui paraît, à raison des circonstances que nous venons de citer, trois, quatre, ou même cinq mois après la plantation, conserve toujours sa place près du sol; au-dessus de celui-là s'élève le second, du second le troisième, ainsi des autres; chaque semaine, à-peu-près, fournissant son nœud, on voit aussi, assez ordinairement, chaque semaine une feuille se dessécher et tomber. Une canne de trente-deux nœuds, bonne à couper, a de vingt-cinq à vingt-huit nœuds dépouillés naturellement de leurs feuilles, les cinq ou six suivans les ont encore conservées, mais sèches et prêtes à tomber; les autres nœuds, garnis de leurs feuilles vertes, forment la tête, qu'on a soin de couper au-dessus de la dernière feuille desséchée. Dans une canne de huit à neuf pieds de longueur, qui a poussé dans un terrain humide, sans être noyé, c'est-à-dire le plus favorable au plus prompt et au plus grand accroissement de la canne, le nombre des nœuds utiles peut aller de quarante à cinquante. Dans un terrain de cette espèce, le premier nœud est toujours formé à la fin du troisième mois, quelquefois même quinze jours plutôt, si la végétation est favorisée par de fréquentes ondées. Lorsque les cannes ne sont coupées dans ces terrains que le treizième ou le quatorzième mois, il s'en trouve beaucoup de pourries, ou de desséchées, suivant que l'année a été pluvieuse ou sèche.

Dans un bon terrain bien exposé, peu humide, et en exploitation depuis plusieurs années, les cannes auront de trente-huit à quarante nœuds, sur une hauteur de quatre pieds et demi environ : par un temps favorable, ces cannes seront nouées vers la fin du troisième mois, ou au commencement du quatrième ; coupées à quatorze ou quinze mois, on en rencontre beaucoup de pourries ou de desséchées, selon la saison.

Des cannes plantées dans un terrain sec, quoique bon, point fumé, mais bien travaillé, en supposant la saison très-favorable, pourront arriver à une hauteur de trois à quatre pieds, et avoir trente à trente-quatre nœuds ; elles seront nouées à quatre mois ou quatre mois et demi ; elles seront très-sèches, quelquefois même altérées, si on ne les coupe qu'à quinze mois.

Dans un terrain plus sec, plus aride, surtout si le travail et la saison ne balancent pas le désavantage de l'exposition et du sol, les cannes n'ont pas au-delà de vingt-quatre à vingt-huit nœuds, qui se trouvent quelquefois dans une longueur de deux pieds ; ces cannes ne nouent qu'à cinq mois, souvent plus tard ; elles sont très-sèches au bout de quinze.

De toutes ces observations, et de quelques autres encore, sur le développement de la canne à sucre, dans différens terrains; M. de Caseaux conclut que, si dans quelques-uns elle peut rester en pied jusqu'au quinzième et même le seizième mois, elle n'acquiert plus rien après le treizième ou même le douzième. Il assure que des expériences réitérées lui ont démontré qu'un nombre égal de nœuds de cannes de dix, et de cannes de quinze mois, lui ont fourni les mêmes quantités de sucre.

Relativement à la connaissance de la maturité des cannes, M. de Caseaux regarde le desséchement et la chute d'une feuille comme l'unique preuve, mais, en même temps, une preuve suffisante de la maturité du nœud auquel elle est attachée; en sorte que les deux derniers nœuds dépouillés de leurs feuilles, de deux cannes coupées le même jour, sont exactement de la même maturité, quand bien même l'une de ces cannes aurait quinze mois, et que l'autre n'en aurait que dix.

Une autre remarque de M. de Caseaux, c'est que la sécheresse de la saison, qui va en augmentant depuis le mois de janvier jusqu'à celui d'avril, et non pas l'âge de la canne, est la seule cause pour laquelle, en janvier, 1,600 pintes de suc de canne donnent communément 200 pintes, tant sucre que mélasse; en février, 230 à 260; en mars, 260 à 300; en avril, quelquefois 320 : après cette époque, le sucre passe très-vite à la fermentation, et il brûle facilement, si le rafineur n'est pas fort habile. M. de Caseaux estime que ses cannes ont acquis leur plus grande maturité relative, lorsque le suc qu'il en obtient est composé de quatre parties d'eau, et d'une partie de sucre et de mélasse; ces deux derniers en proportions égales.

Parmi les accidens auxquels sont exposées les cannes, nous devons citer les ouragans qui ont lieu dans les colonies, particulièrement vers les mois de novembre et décembre; couchées sur un sol humide, les cannes pourrissent, ou deviennent la proie des rats.

Des champs entiers de cannes sont souvent dévorés par des incendies; on n'en arrête le feu qu'en lui faisant sa part, et en isolant le champ qui brûle de ceux qui l'environnent.

Dans les terres grasses et humides, surtout par des saisons pluvieuses, la rouille attaque les feuilles des cannes; dans de semblables terrains, il faut ménager aux eaux un écoulement facile, et diviser la terre par des mélanges de cendres, de sables ou de fumier peu consumé. Les cannes sont souvent attaquées par des insectes, appelés par les gens du pays *puçons*; ces insectes, qui arrivent par myriades, se jettent sur les champs de cannes, piquent, pour se nourrir de leur suc, les jets les plus tendres; la circulation de la sève se trouve par-là arrêtée, et la plante dessèche et meurt, selon qu'elle a été attaquée d'une manière plus vive.

Dans quelques-unes des Antilles, les cannes sont encore attaquées quelquefois par un ver qui s'introduit dans leur intérieur, diminue la quantité du sucre, et en altère la qualité.

Les rats sont encore un ennemi bien redoutable pour la canne à sucre, ils les rongent par le pied pour sucer une partie de leur suc; toutes celles qui en sont mordues, sont autant de cannes perdues; alors même qu'elles parviennent en maturité, leur jus s'aigrit, et, lorsqu'elles passent aux cylindres avec les autres, cette portion fermentée devient un levain qui altère une plus grande quantité de jus, et rend son sucre incristallisable. Dans chaque habitation, un nègre est employé à la destruction des rats; on dresse également, pour leur faire la chasse, des chiens d'une espèce particulière; mais, malgré toutes ces précautions, le nombre des rats, dans de certaines années, est si considérable, qu'on est obligé d'employer d'autres moyens pour les détruire, voici comment on y parvient: On attend l'époque où l'on veut replanter les pièces de terre qui en sont infestées, alors on brûle toutes les pailles, en ayant soin de commencer par les quatre coins, et d'avancer toujours en proportion égale jusqu'au milieu, où l'on a laissé un bouquet assez considérable de cannes, pour servir de refuge et de nourriture aux rats; on y met ensuite le feu tout au tour par un temps calme.

De tous les accidens qui peuvent survenir aux cannes, le plus grand est d'être attaquées par les fourmis; dans certains pays, et à de certaines époques, leur nombre était incalculable, et l'on ne connaît malheureusement aucun moyen de les détruire. Elles s'étaient multipliées, il y a quelques années, d'une manière si effrayante à la Martinique, que la culture de la canne à sucre, dans cette île, était menacée d'une ruine totale; ni les vents, ni les pluies, ne pouvaient arrêter leurs ravages, lorsque heureusement un ouragan les fit disparaître entièrement et tout-à-coup, on ne sait comment.

Nous reproduirons, d'après Raynal, le compte du produit d'un champ de cannes.

Un carré, de la contenance de trois arpens environ, peut être exploité par deux hommes, et produira 60 quintaux de sucre brut, qui vaudra en Europe, déduction faite des frais, 20 livres le quintal, ce qui donnera 600 livres par homme.

En ajoutant 120 livres à la valeur des sirops et des tafias, on aura la somme des dépenses d'exploitation.

Le produit net d'un arpent et demi de terre planté en cannes sera donc de 480 livres.

M. Bosc, qui a présenté ce même tableau, dans son article CANNES du *Nouv. Dict. d'hist. nat. et d'agriculture*, le regarde comme approchant beaucoup, encore aujourd'hui, de la vérité.

Des Moulins à exprimer les Cannes.

Les premières machines employées pour exprimer le suc des cannes étaient des moulins semblables à ceux qui servent à écraser les pommes pour faire le cidre, et, dans quelques endroits, à broyer le tan. Au centre d'une aire circulaire de sept à huit pieds de diamètre s'élève un pivot auquel est attachée une pièce de bois de neuf à dix pieds de longueur, servant d'axe à une meule verticale qui repose sur l'aire; un cheval, attaché à la partie de cet axe qui sort de la meule, la promène sur toute la surface de l'aire sur laquelle on place la substance à écraser. Le travail de cette machine était loin de répondre à la célérité que l'on doit apporter dans les opérations d'une sucrerie; aussi a-t-elle été universellement abandonnée et remplacée par le moulin à cylindres. Ce fut Gonzales de Velosa, qui, le premier, construisit un moulin à cylindres, semblable, à peu de chose près, à ceux en usage encore aujourd'hui. Cette machine, extrêmement simple, consiste principalement en trois gros cylindres en bois, de diamètre égal, rangés perpendiculairement sur une même ligne, à côté l'un de l'autre, et revêtus chacun d'un tambour de métal. Ces cylindres, qui ont aussi reçu le nom de *rôles*, sont percés, suivant leur axe, d'un grand trou carré dans lequel est enchâssé avec force un arbre en fer coulé dont la partie inférieure, bien acérée, repose dans une crapaudine, tandis que son extrémité supérieure de forme cylindrique tourne librement dans un collet : les trois crapaudines qui supportent les rôles sont placées dans une forte table construite ordinairement d'un seul bloc, dont le dessus, un peu creusé en forme de cuvette, est garni de plomb, et reçoit le suc des cannes écrasées entre les cylindres, d'où une gouttière ou rigole le porte dans la sucrerie, où il coule dans de grands vases de dépôts appelés *bassins à suc exprimé*.

Les crapaudines et les collets supérieurs des cylindres peuvent être rapprochés ou éloignés, suivant qu'on a besoin de diminuer ou d'augmenter la distance des cylindres entre eux. Un collet qui entoure les crapaudines s'élève assez au-dessus de la surface du liquide dans la cuvette, pour l'empêcher de s'y introduire. Ces différentes pièces, bien assujéties, sont renfermées dans un châssis en charpente très-solidement construit. La longueur des cylindres varie, selon l'importance de la plantation, de 35 à 40 pouces, et leur diamètre de 20 à 25. C'est au cylindre du milieu qu'on applique la puissance; il communique, par un engrenage, son mouvement aux cylindres latéraux. Une négresse, placée sur une des faces de la machine, engage entre le rôle du milieu et celui qui est à sa gauche une poignée de cannes, qui, entraînées dans le mouvement de révolution des cylindres, sont saisies par une seconde négresse placée du côté opposé de la machine qui les fait repasser immédiatement entre le cylindre du milieu et celui de droite; ces deux expressions suffisent pour priver la canne de tous ses sucs.

Pour donner le mouvement dans les moulins à cannes, on a employé, suivant les localités, soit un courant d'eau, soit le vent, ou les animaux. Mais, depuis que les perfectionnemens apportés par J. Watt aux machines à vapeur en ont rendu l'usage si général, on a commencé à les employer comme moteur dans plusieurs moulins à sucre des Colonies, principalement dans les possessions anglaises. Dans les lieux en effet où l'on n'a pas à sa disposition un cours d'eau d'une force suffisante, la machine à vapeur est de tous points préférable aux bestiaux et au vent. Lorsqu'on emploie les animaux, il faut un certain nombre de bêtes uniquement consacrées au service du moulin, celles qui travaillent ordinairement dans la plantation étant toutes employées au moment de la récolte ; c'est donc un troupeau à nourrir durant toute l'année.

L'expression des cannes doit se faire nécessairement au fur et à mesure de leur récolte ; car, si elles séjournaient quelques heures, elles pourraient entrer en fermentation : sous ce rapport, les moulins à vent présentent de grands inconvéniens, attendu que, vu l'inconstance des vents, on ne peut jamais être assuré qu'ils feront une quantité donnée d'ouvrage dans un temps déterminé. Il est vrai qu'on y supplée, dans quelques établissemens, en enlevant les ailes et y substituant des bras de leviers auxquels on attèle des bœufs ou des mulets ; mais, pour cela, il faut souvent les enlever aux travaux de la plantation où ils ne sont pas moins nécessaires. Les moulins mûs par un cours d'eau, ou par une machine à vapeur, sont seuls à l'abri de cet inconvénient ; et, si la puissance est suffisante, la récolte entière sera pressée et le suc rendu dans la sucrerie avec assez de rapidité pour qu'il n'ait pu éprouver aucune altération. On cite des moulins à eau de la

Jamaïque dans lesquels on peut exprimer une quantité de cannes assez considérable pour faire jusqu'à 45 milliers pesant de sucre par semaine. Lorsque les bestiaux sont employés à donner le mouvement, l'axe du cylindre du milieu, convenablement prolongé, est traversé à-peu-près au milieu de sa hauteur par un levier horizontal dont chaque bras peut avoir dix-huit pieds de longueur, et à chacun desquels on attèle deux mulets. Pour assujétir d'une manière plus solide ces bras de leviers, des traverses en bois partent de leurs extrémités et se rattachent à la partie supérieure de l'axe vertical, de manière à former un triangle. Dans les grands moulins où l'on a besoin d'une force plus considérable, l'axe porte deux leviers, de manière à recevoir quatre attelages de deux mulets.

Si la machine est animée par une roue hydraulique, on place à peu de distance, au-dessus du châssis, une roue dentée qui a pour axe l'arbre même du cylindre du milieu; les dents de cette roue, étant disposées perpendiculairement, engrènent avec les alluchons d'un rouet porté par l'axe de la roue hydraulique.

Le bâtis des moulins à cannes, ainsi que les cylindres, était autrefois en bois dur; on couvrit ensuite ces derniers en fer; aujourd'hui, dans les grandes plantations, le bâtis et les cylindres sont entièrement en fonte ; ils présentent ainsi plus de solidité, et la pression à exercer sur les cannes peut être plus considérable.

Les dénominations de *grands* et de *petits cylindres*, qu'on donne quelquefois aux rouleaux, viennent de ce que, autrefois, celui du milieu était effectivement plus gros que les deux autres ; on les fait actuellement tous les trois d'un diamètre égal. Cependant, à Saint-Domingue, on a conservé l'habitude de donner au cylindre du milieu des dimensions plus fortes qu'aux cylindres latéraux ; on suppose que, par ce moyen, l'ouvrage se fait mieux et plus vite. Jusqu'à ces derniers temps, la surface des cylindres était parfaitement unie, on a commencé à y creuser des cannelures peu profondes ; par là, les cannes, une fois engagées, sont saisies d'une manière plus invariable et entraînées plus facilement. La distance entre les cylindres n'est guère que d'une ligne à une ligne et demie ; on a soin que du côté où la canne passe pour la seconde fois ils soient le plus rapprochés possible, sans cependant se toucher. Après avoir subi la seconde expression, la canne est brisée et entièrement dépouillée de ses sucs ; à cet état, elle reçoit le nom de *bagasse*, on la lie par gros paquets, on la porte sous des hangars appelés *cases à ba-*

gasse, dans lesquels on la fait sécher et on la conserve pour s'en servir comme combustible dans les opérations de la sucrerie.

Dans quelques moulins, on a remplacé, par un appareil très-simple, auquel on a donné le nom de *doubleuse*, la négresse chargée de recevoir les cannes après la première expression et de les engager pour la seconde fois. Il consiste en un demi-cylindre, ou tambour en bois, solidement assujetti aux deux montans du châssis, et embrassant à très-peu de distance la face postérieure du cylindre du milieu; les tiges de cannes, après avoir passé entre les deux premiers cylindres, sont forcées de suivre la courbure de ce tambour, et se trouvent ainsi amenées au point de rapprochement des deux autres cylindres, entre lesquels elles s'engagent avec plus de régularité que ne pourrait le faire l'ouvrier le plus attentif.

Un moulin à cannes exige surtout d'être tenu avec la plus grande propreté ; si le moulin est sale et gras, si l'on laisse séjourner sur les différentes pièces qui le composent le suc qui s'y attache, celui-ci entre en fermentation, se mêle avec le suc exprimé plus récemment et sert, pour ainsi dire, de levain à toute la masse, dont la décomposition peut avoir lieu alors avec une grande rapidité.

On lave ordinairement le moulin deux fois par jour, le matin et le soir.

On a apporté, depuis quelques années, des changemens importans dans les moulins à sucre : les cylindres sont disposés horizontalement, de manière que leurs centres forment un triangle; deux étant placés au-dessous et le troisième dessus. Dans cette disposition, le cylindre supérieur auquel le mouvement est imprimé repose sur les deux autres qui sont très-près l'un de l'autre, en sorte que les cannes passent immédiatement de l'un à l'autre sans qu'aucun ouvrier soit nécessaire pour cela. Cet arrangement des cylindres n'est pas nouveau, on en a trouvé un dessin dans les papiers du célèbre ingénieur Smeaton, avec cette indication : *Moulin à sucre pour M. Grey, envoyé à la Jamaïque en 1754, mais qui n'a pas été exécuté.* La figure de ce moulin, qui devait être construit sur une très-grande échelle, représente deux systêmes de rouleaux mis en mouvement par une roue hydraulique placée sur le milieu d'un grand axe dont les deux extrémités, revêtues de tambours en fonte, servent de rouleaux supérieurs et portent, à cet effet, de chaque côté sur deux rouleaux inférieurs. On voit que, de cette manière, le cylindre supérieur fait l'office du grand rôle dans les moulins ordinaires, tandis que les deux cylindres inférieurs répondent aux deux cylindres latéraux des mêmes moulins ; mais, les centres des trois rouleaux étant disposés en triangle, au lieu de l'être en ligne droite, les deux rouleaux inférieurs peuvent être amenés à une très-petite distance l'un de l'autre, sans cependant qu'on doive les faire toucher, le mouvement de révolution des faces opposées se faisant en sens contraire s'y opposant. Les deux cylindres inférieurs sont contenus dans une auge destinée à recevoir le suc des cannes ; si le niveau de la roue hydraulique force de placer cette auge trop bas pour que le liquide puisse se rendre directement dans la sucrerie, une petite pompe, mise en jeu par la roue hydraulique même, l'élève de l'auge dans un réservoir placé à une hauteur convenable. Les axes des cylindres inférieurs sont armés de hérissons dont les dents engrènent dans les alluchons des rouets portés par l'axe commun à la roue et aux cylindres supérieurs. Les deux rouleaux inférieurs étant très-rapprochés l'un de l'autre, leurs hérissons pourraient se toucher s'ils étaient dans le même plan, aussi sont-ils placés à des distances différentes, et le grand axe porte deux rouets, un pour chaque cylindre ; il pourrait cependant n'en avoir qu'un, mais alors il doit être garni d'alluchons sur ses deux faces : ceux d'un côté engrèneront avec les dents de l'hérisson d'un des rouleaux, et ceux de l'autre côté avec les dents de l'hérisson du second rouleau.

Il est facile de concevoir que cette disposition des cylindres est fort avantageuse ; le poids de la roue hydraulique et son mouvement de rotation concourent pour rendre plus forte l'action du cylindre supérieur ; le travail du moulin en devient plus facile et plus régulier, et les cannes subissent leur seconde expression, immédiatement après la première, sans le secours d'un ouvrier.

Pour faire le service du moulin, on place une table inclinée dont la partie supérieure est au niveau de la ligne de jonction du cylindre supérieur et d'un des inférieurs ; les cannes étendues en couches sur cette table sont poussées successivement en avant et s'engagent entre les cylindres. Après avoir passé entre les deux cylindres, les cannes exprimées et sèches tombent sur une seconde table semblable à la première, placée de l'autre côté du moulin, sur laquelle elles glissent : à mesure qu'elles s'amoncèlent, on les transporte sous les hangars.

Un pareil moulin fait beaucoup plus d'ouvrage qu'un moulin ordinaire, dans lequel le nègre ne peut présenter aux rouleaux qu'une poignée de cannes à la fois, tandis que, dans celui que nous venons de décrire, il a tout le temps nécessaire pour étendre sur la table et pousser en avant autant de cannes que les rouleaux peuvent en prendre dans toute leur longueur.

On avait bien cherché, depuis long-temps, à disposer horizontalement les rouleaux des moulins à cannes ; le père Labat, dans son *Nouveau Voyage aux îles de l'Amérique*, tom. 3, pag. 430, donne même la description d'un de ces moulins. Mais, comme on plaçait alors les deux cylindres latéraux l'un au-dessus, l'autre au-dessous du cylindre principal, le service du moulin était fort incommode : les bagasses, ou cannes exprimées, ressortant du même côté par lequel on les engageait, gênaient le nègre chargé de ce travail, et se mêlaient avec les cannes que l'on faisait passer ; aussi ne tarda-t-on pas à renoncer à cette disposition. La simplicité du mécanisme nécessaire aux cylindres verticaux, lorsqu'on emploie des bestiaux, fut aussi une des causes pour lesquelles on leur donna la préférence ; mais, toutes les fois que le mouvement sera imprimé par un cours d'eau ou une machine à vapeur, la disposition des cylindres horizontaux doit être préférée, comme plus avantageuse à tous égards.

Du Suc de Cannes ; de sa composition.

Avant de décrire la série des opérations auxquelles va être soumis le suc de cannes, étudions cette substance dans l'état où elle se présente lorsqu'elle est arrivée dans les bassins à suc exprimé ; et, pour pouvoir apprécier plus sûrement l'action des corps qui vont servir à la purifier, cherchons à connaître les différentes matières qui la composent.

Le suc de cannes, obtenu par les procédés précédemment décrits, est un fluide opaque, d'un gris terne, olivâtre ; sa saveur est douce et sucrée, il a l'odeur balsamique de la canne, il est légèrement visqueux, d'une pesanteur spécifique qui varie de 1,033 à 1,106, suivant la qualité des cannes dont il est extrait et la nature du sol où celles-ci ont poussé.

Dans cet état, il se compose de deux parties, l'une liquide, l'autre solide : cette dernière en suspension dans la première, dont elle peut se séparer par le repos. Cette partie solide est formée de débris de parenchyme, d'écorce, entraînés mécaniquement, et d'une substance verte très-abondante, d'une finesse extrême, dont la densité diffère peu de celle de l'eau. Cette substance est connue sous le nom de *fécule verte*, elle se rencontre dans plusieurs autres végétaux, principalement dans les feuilles du chou.

La partie liquide qui, séparée des fécules, prend le nom de *suc dépuré* ou *vesou*, est composée en proportions variables d'eau, de sucre cristallisable, de sucre incristallisable, de gomme, d'albumine, de ferment et de quelques matières salines en dissolution. M. Proust y a trouvé en outre un peu d'acide malique. M. Vauquelin, qui a cherché à faire l'analyse du suc de la canne, n'a pu présenter que des résultats fort incertains; le suc sur lequel il avait opéré ayant éprouvé des altérations dans la traversée, sa partie sucrée s'était détruite en grande partie et transformée en alcohol et en gomme.

L'eau s'y trouve communément dans la proportion de huit parties sur une de sucre, et une des autres matières que nous avons nommées; le sucre y est cependant quelquefois dans la proportion d'un sixième. Ces différences tiennent, à l'influence du climat, à la nature et à l'exposition du sol, à la variété de la canne, et aussi à l'époque de la récolte. Abandonné à lui-même, le suc de cannes ne tarde pas à fermenter, 20 minutes au plus, après son expression, suffisent le plus souvent pour que cette action se détermine; de là, la nécessité de le soumettre immédiatement aux opérations qui ont pour but de le purifier ; la fermentation qui se produit dans ce cas est la fermentation acide. Le suc de cannes, dépouillé de ses fécules, jouit encore de la propriété de fermenter, mais alors c'est la fermentation alcoholique qui a lieu. C'est par cette transformation du suc de cannes en alcohol, qu'on se procure le rhum dans les colonies.

Des Sucreries en général.

L'ensemble des bâtimens dans lesquels on fait subir au suc exprimé les opérations nécessaires pour l'amener à l'état de sucre, porte le nom de *Sucrerie.*

La distribution des différentes parties dont se compose une sucrerie peut varier suivant les localités, et suivant que les propriétaires le jugent plus convenable pour faciliter les travaux. Autrefois cependant, les sucreries, construites presque toutes à l'imitation les unes des autres, présentaient entre elles la plus grande similitude. On aurait pu même induire de cette ressemblance que la routine seule avait présidé à leur construction ; et cette présomption se serait presque toujours trouvée confirmée. Il n'en est plus ainsi aujourd'hui : des planteurs instruits ont facilement reconnu que la qualité des produits qu'ils avaient pour but d'obtenir n'était pas subordonnée à une disposition spéciale qui offrait au surplus des inconvéniens que nous signalerons par la suite. Aussi, les sucreries, tout en conservant un caractère général de conformité, puisque des opérations à-peu-près pareilles doivent être accomplies dans toutes, n'offrent plus cette apparence d'imitation servile et routinière; mais, comme il en existe encore un grand nombre bâties anciennement, travaillant toujours d'après les procédés suivis avant les améliorations introduites depuis quelques années, nous croyons utile, ne fût-ce que pour faire ressortir les défauts de leur manière de travailler, de donner la description d'une de ces sucreries, et un aperçu succinct de leurs opérations; on en sentira mieux les avantages qui résultent pour les nouvelles sucreries, des dispositions et des changemens qu'elles ont adoptés.

Description d'une ancienne Sucrerie, et des opérations qui doivent faire passer le suc exprimé à l'état de sucre.

Pour qu'on puisse saisir plus aisément l'ensemble des opérations d'une sucrerie, nous commencerons par décrire la disposition interne et externe des bâtimens dans lesquels elles s'effectuent.

Dans la dénomination de *sucrerie*, on comprend ; 1.° *la sucrerie*, proprement dite, ou atelier des fourneaux ; 2.° *la galerie ;* 3.° *la purgerie* ; 4.° *les magasins.*

La sucrerie, telle que nous venons de la désigner plus particulièrement, est un grand bâtiment rectangulaire, plus ou moins long, suivant l'importance de la plantation ; c'est dans son intérieur que sont placés, presque toujours sur une même ligne, les fourneaux et leurs chaudières.

La galerie n'est qu'un appentis adossé à celle des faces de la sucrerie contre laquelle se trouvent les fourneaux ; elle s'étend dans toute la longueur qu'occupent ceux-ci. C'est dans la galerie que viennent répondre les ouvertures du foyer et du cendrier de chaque fourneau ; elle sert pareillement à mettre à couvert les chauffeurs et le combustible. Chaque fourneau supporte cinq chaudières hémisphériques en fonte, dont l'ensemble a reçu le nom d'*équipage ;* dans chaque sucrerie il y a toujours deux équipages : on les distingue, d'après la capacité de leurs chaudières, en *grand* et *petit équipage.* Entre eux sont placés les bassins à suc exprimé, qui se trouvent ainsi à-peu-près au centre de la sucrerie.

Dans le principe, chaque chaudière avait un foyer particulier ; par la suite, dans la vue d'économiser le combustible; toutes celles dont se compose un équipage furent établies sur un même foyer. Chacune de ces chaudières porte un nom particulier: celle dans laquelle arrive en premier lieu le suc exprimé s'appelle *la grande ;* parce qu'elle est, en effet, d'une plus grande capacité que les autres ; la seconde a reçu le nom de *propre*, parce que c'est dans cette chaudière que le suc achève de s'épurer; la troisième est nommée *le flambeau*, attendu que le raffineur reconnaît, dans cette chaudière, si les opérations précédentes ont été bien faites; la quatrième est dite *le sirop*, parce que le suc y est amené à l'état de sirop très-épais; enfin, la cinquième s'appelle *la batterie*, parce qu'au moment où le sirop approche du point de cuite, il se produit un boursouflement, qu'on arrête en battant fortement sa surface avec le dos de l'écumoire.

Les dimensions de ces chaudières vont en diminuant progressivement de la *grande* à la *batterie ;* cette dernière n'étant guère que le quart de la première, qui contient communément 12 à 15,000 litres. On augmente leur contenance en les surmontant d'un glacis en maçonnerie qui s'élève au-dessus de leurs bords en suivant leur évasement. La partie supérieure du fourneau, autrement dite *le laboratoire*, n'est pas de niveau dans toute sa longueur ; on lui donne un pouce et demi de pente environ d'une chaudière à l'autre, à partir de la batterie, afin que le vesou, lorsqu'il s'élève en bouillant, et s'extravase, puisse couler dans celle qui est à côté, sans gâter, par son mélange, celui qui y est contenu, ainsi que cela arriverait si le laboratoire était incliné des premières chaudières, dans lesquelles le suc de cannes est moins purifié, aux dernières, dans lesquelles il l'est davantage ; la *batterie* se trouve, par là, plus élevée que la *grande* d'environ 7 à 8 pouces.

Le foyer est placé immédiatement sous la *batterie ;* les produits de la combustion se rendent dans la cheminée située à l'extrémité opposée du fourneau par un conduit horizontal passant sous toutes les chaudières. L'aire de ce conduit va, en s'élevant, du foyer à son ouverture dans la cheminée ; ainsi, lorsqu'on a laissé entre la surface de la grille et le fond de la *batterie* une distance de 28 pouces, ce qu'on appelle 28 *pouces de feu*, la *grande* n'en a guères que 18.

Le *laboratoire* présente encore entre chaque chaudière un petit bassin d'un pied de diamètre et de deux à trois pouces de profondeur, destiné à recevoir les écumes, qui de là se rendent dans la *grande* par une gouttière pratiquée sur le bord de l'*équipage*. Les écumes de la *grande*, autrement dites *grosses écumes*, sont jetées dans une chaudière spécialement destinée à les recevoir, et placée à côté d'elle.

A peu de distance de la *batterie* est un vaisseau circulaire de six pieds de diamètre sur deux de profondeur, qu'on appelle *rafraîchissoir*, dans lequel on transvase de la *batterie* le sirop cuit au point convenable; du *rafraîchissoir* le sirop est porté dans de grands bacs en bois, ordinairement au nombre de trois, dans lesquels il cristallise, ou dans des cônes en terre cuite, connus sous le nom de *formes*, ayant deux pieds de hauteur et 13 à 14 pouces de diamètre à leur base; leur pointe est percée d'une ouverture que l'on bouche avec une cheville.

Deux autres fourneaux, dont les ouvertures répondent également dans la galerie, sont encore placés dans la sucrerie; ils portent, l'un deux chaudières, l'autre une seule. Les premières, qui servent à cuire les sirops, ont, à cet effet, reçu le nom d'*équipage à sirop;* l'autre, dans laquelle se font des clarifications, celui d'*équipage à clarifier.*

Aussitôt que, par le travail du moulin, un bassin à suc exprimé se trouve rempli, on le fait couler dans la *grande*, qu'on charge toujours à une même hauteur. On jette dans la chaudière une quantité de chaux pesée ou mesurée d'avance, relative à celle du liquide et de sa pureté, et l'on fait passer cette première charge, ainsi traitée, moitié dans le *sirop*, moitié dans le *flambeau*. On renouvelle cette opération dans la *grande*, et l'on verse cette seconde charge en entier dans la *propre;* enfin, la *grande* remplie à sa mesure et ayant reçu la proportion de chaux convenable, on allume le feu sous les chaudières, la *batterie* étant pleine d'eau.

L'action de la chaleur ne tarde pas à coaguler les fécules qui se réunissent et se présentent à la surface du liquide dans la chaudière, d'où on les enlève avec l'écumoire; cet effet se produit d'autant plus vite que les chaudières sont plus rapprochées du foyer, ainsi le *sirop* et le *flambeau* sont les premiers à s'échauffer; bientôt le suc entre en ébullition : alors toutes les grosses écumes sont enlevées; on vide la batterie, et on la charge d'abord avec la moitié du produit du sirop; mais, comme l'évaporation y est très-rapide, on ne tarde pas à y ajouter l'autre moitié; alors on fait passer la charge du flambeau dans le sirop; dans ce dernier, la charge de la propre, et celle-ci reçoit la charge de la grande, qui, se trouvant vidée, est remplie de suite avec du nouveau suc exprimé. Lorsque le suc exprimé a été dépouillé des grosses écumes, il prend le nom de *vesou*.

Dans la succession des différentes opérations que nous venons de décrire, le vesou va toujours en se concentrant, en sorte que son volume diminue assez pour que la batterie puisse recevoir la charge de deux, trois, quatre grandes ; c'est en effet ce qui a lieu. Lorsqu'on a ainsi rassemblé dans la batterie une quantité de vesou suffisante, on continue l'action du feu pour opérer la cuite, dont le degré est relatif à la qualité de sucre que l'on a l'intention d'obtenir, c'est-à-dire, suivant que l'on veut terrer le sucre, ou que l'on veut l'avoir en brut.

Le produit de la batterie amené au point convenable de cuite, après avoir amorti le feu, est transvasé en entier dans le rafraîchissoir; on remplit à l'instant la batterie avec la charge du sirop, et ainsi les autres chaudières, et l'on continue ce travail de la même manière.

La seconde cuite, arrivée dans le rafraîchissoir avec la première, constitue ce qu'on désigne par le nom d'*empli;* on les mêle bien avec un mouveron, et on les verse à l'instant, soit dans un bac, soit dans les cônes, pour les faire cristalliser. Un bac reçoit ainsi quatre à cinq emplis, successivement les uns sur les autres.

De la Purgerie.

Lorsque le vesou cuit, et versé dans les cristallisoirs, s'est pris en masse par le refroidissement, il est enlevé avec des pelles en fer, et porté dans la purgerie ; c'est un bâtiment de 60 à 80 pieds de longueur, sur 20 à 24 de large, lorsqu'on n'a pour but que d'obtenir du sucre brut, et beaucoup plus vaste, si l'on y joint l'opération du terrage.

Dans le premier cas, la purgerie est formée de deux parties, l'une inférieure, qui se composé d'un ou de plusieurs réservoirs creusés dans le sol, à cinq ou six pieds de profondeur, portant le nom de *bassins à mélasse;* l'autre supérieur, appellé *plancher.* Cette seconde partie, qui fait le fond de la purgerie, est formée par des solives de quatre pouces d'équarissage, rangées parallèlement à deux ou trois pouces de distance les unes des autres, de manière à former un plancher à claire voie au niveau du sol. Le fond des bassins, faits en maçonnerie, est ordinairement incliné; il est recouvert, ainsi que leurs parois, d'une couche épaisse de ciment. On range debout sur le plancher les barriques défoncées à leur partie supérieure qui doivent recevoir le sucre à égoutter. Le fond de ces barriques est percé de huit à dix trous dans lesquels on introduit autant de cannes à sucre assez longues pour sortir de six à huit pouces en dessous de la barrique, et s'élever au-dessus du fond supérieur ; elles ont pour but d'empêcher le sucre d'obstruer les ouvertures par lesquelles doit s'écouler le sirop qui n'a pas cristallisé. La barrique, remplie en entier, est laissée ainsi s'égoutter pendant un temps plus où moins long, trois semaines environ, au bout duquel l'opération est terminée. On remplit le vide qui s'est produit par le tassement dans les barriques ; on y met un fond, et on les porte au magasin.

Dans cet état, le sucre porte le nom de *sucre brut* ou *moscouade.*

Les purgeries à fabriquer le sucre terré sont, le plus communément, disposées en carré ; leur intérieur est divisé en compartimens par des traverses de bois. Ces traverses sont mobiles, elles partent horizontalement de l'une des parois latérales du bâtiment, et s'étendent parallèlement jusqu'à deux ou trois pieds de l'autre paroi ; elles sont soutenues par de petits poteaux à la hauteur de deux pieds et demi, et placées à-peu-près à cinq pieds de distance les unes des autres. Entre chaque compartiment, nommé *cabane*, on a laissé un intervalle de 18 à 20 pouces, qui sert de passage pour le service des formes dans l'opération du terrage.

Le sirop versé, ainsi que nous l'avons dit en décrivant les opérations de la sucrerie, dans des formes en terre cuite, est abandonné à lui-même pendant 15 à 18 heures, pour lui donner le temps de cristalliser. Les formes sont alors portées à la purgerie, et implantées, leur pointe en bas, sur des pots rangés dans les cabanes, après avoir retiré la cheville; on reconnaît l'instant où cette opération doit se faire à l'affaissement qui a lieu au centre de la base du pain. Vingt-quatre heures après, la partie liquide du sucre s'étant séparée, et ayant coulé dans les pots, les formes sont enlevées et placées sur de nouveaux pots pour recevoir l'opération du terrage.

Cette opération s'effectue de la manière suivante : après avoir préalablement tassé la base du pain dont le centre s'est affaissé en forme d'entonnoir, on verse dessus de l'argile délayée dans l'eau, en consistance de bouillie. Il y a, dans chaque purgerie, un et quelquefois plusieurs bassins, dits *bacs à terre*, en maçonnerie, de cinq à six pieds carrés sur quatre à cinq de profondeur, dans lesquels on délaye l'argile, en la mêlant avec une quantité d'eau convenable.

L'eau se sépare lentement de l'argile, filtre à travers le sucre, rend plus fluide le sirop qu'il contient et l'entraîne à la partie inférieure de la forme d'où elle tombe avec lui dans le pot sur lequel le cône est implanté. A mesure que la couche d'argile se dessèche, on la remplace par une nouvelle; cette opération se répète jusqu'à trois fois, après quoi, le pain est abandonné dans la forme pendant une vingtaine de jours, pour que le sirop s'écoule entièrement. Alors on enlève le sucre des formes; on l'expose au soleil pendant quelques heures sur une plate-forme disposée à cet effet, et nommée *glacis*, et on le porte à l'étuve, où il reste une quinzaine de jours, pour achever de se sécher et de se raffermir.

Les *étuves* sont des bâtimens en maçonnerie, de vingt pieds carrés à-peu-près, dont l'intérieur présente divers étages sur lesquels les pains sont rangés. Dans la partie inférieure est un fourneau dont les ouvertures répondent en dehors (1).

Les pains de sucre, convenablement desséchés, sont pilés dans de grands bacs en bois nommés *bacs à piler*. Ces bacs ont douze à

---

(1) Lorsqu'en rendant compte des opérations du raffinage, nous serons amenés à parler des étuves, nous ferons, sur les dispositions extrêmement vicieuses qu'on donne à ces bâtimens, des observations qui trouveront naturellement leur place à cette époque des opérations, et qui actuellement nous entraîneraient trop loin.

quinze pieds de long sur trois à quatre de large ; ils sont placés dans un bâtiment particulier nommé *pilerie*. Le sucre, ainsi pilé, est mis dans des barriques où il est fortement tassé ; à cet état, il est connu dans le commerce sous le nom de *sucre terré* ou *cassonnade*.

Les sirops qui proviennent, tant du sucre brut mis en barriques, que du terrage, et qui portent le nom de *mélasses*, sont rapportés à la sucrerie et cuits de nouveau dans l'équipage à sirop, pour en extraire le sucre qu'ils peuvent tenir en dissolution. Les premiers sirops obtenus avant l'opération du terrage sont nommés *gros sirops ;* ceux qui s'écoulent pendant et après le terrage sont dits *sirops fins*.

Après une seconde cristallisation, les mélasses obtenues sont vendues pour la nourriture des bestiaux, ou portées à la rhumerie, pour y être distillées après leur fermentation.

Observations diverses sur les appareils et les opérations d'une ancienne Sucrerie.

M. Dutrône, qu'un long séjour à Saint-Domingue avait mis à même de reconnaître la plupart des vices de cette fabrication, telle que nous venons de la décrire, les a signalés en grande partie dans son *précis sur la canne*, et a proposé différentes améliorations aux procédés suivis à cette époque. Nous ne croyons pas inutile de faire précéder la description de la méthode de M. Dutrône, qui a été assez généralement adoptée, d'un aperçu des inconvéniens attachés à l'ancienne.

Les premières objections de M. Dutrône portent sur l'emploi des chaudières en fonte; il leur reproche avec raison, 1.° leur peu de capacité qui a été cause de l'établissement d'un glacis en maçonnerie pour augmenter leur contenance; 2.° leur mal-propreté, la fonte se couvrant promptement de rouille qui donne toujours une teinte au vesou; 3.° leur peu de conductibilité de la chaleur, qui fait qu'elles s'échauffent plus lentement d'abord, et qu'elles acquièrent ensuite partiellement une température assez élevée pour décomposer le sirop; 4.° leur fragilité, puisqu'il n'est pas de sucreries dans lesquelles on ne casse quatre chaudières de fonte chaque année. Toutes ces considérations ont déterminé M. Dutrône à rejeter les chaudières en fonte pour leur substituer des chaudières en cuivre.

Ainsi que le fait également remarquer M. Dutrône, la disposition des différentes parties de la sucrerie présente aussi des inconvéniens; les chaudières, par la situation des fourneaux contre le mur de la sucrerie, ne sont abordables que d'un côté ; les nègres ne peuvent par conséquent écumer que sur la moitié de leur surface, sans risquer de tomber dans les chaudières : l'opération en devient donc plus longue et plus pénible.

Des inconvéniens plus graves encore résultent de l'irrégularité des opérations, de la nécessité de mêler entre elles les différentes charges en les passant d'une chaudière dans l'autre, le plus souvent avant que l'action qu'elles doivent subir soit terminée. Le sirop, se trouvant ainsi exposé à une température élevée pendant un temps assez long, peut souffrir des altérations et passer, en grande partie, à l'état de sucre incristallisable.

Les matières terreuses apportées dans les chaudières par le suc de cannes lui-même, par la chaux qu'on y ajoute en poudre, les saletés provenant des dégradations des glacis, ne s'élevant point avec les écumes, restent dans le sirop, dont elles ne pourraient être séparées que par le filtre, et contribuent, par leur présence, à sa détérioration.

Si nous ajoutons à toutes ces causes de pertes, déjà très-considérables, celles qui doivent résulter du peu de discernement avec lequel on emploie les alcalis, dont les proportions ne sont déterminées le plus ordinairement que par la routine la plus aveugle, on concevra combien il est urgent de changer des dispositions et une marche d'opérations qui ne peuvent offrir aucun avantage en dédommagement.

Le savant auteur que nous avons déjà cité fait ressortir encore, avec sa sagacité ordinaire, combien il est difficile, par les moyens employés jusqu'à lui, de déterminer d'une manière sûre le point de cuite du sucre. Des ouvriers plus ou moins habiles ou attentifs, jugeront, d'une manière très-différente, les mêmes signes; et ces signes ne se présentent pas toujours avec les mêmes caractères; de là, la nécessité de trouver un moyen qui indiquât, à tous les instans et pour toutes les qualités de sirop, le point de cuite où l'on veut le porter. C'est ce qu'on obtient très-facilement, ainsi que nous le verrons, en se servant du thermomètre.

Telles sont les principales objections faites par M. Dutrône aux anciens procédés employés pour fabriquer le sucre; leur justesse nous a engagé à leur donner quelques développemens que nous n'avons pas jugés étrangers à notre sujet.

Description d'une nouvelle Sucrerie, et des opérations par lesquelles on obtient le Sucre par la méthode actuellement en usage.

Dans les dispositions des ateliers dits *la Sucrerie*, suivant la méthode aujourd'hui généralement adoptée, elle se trouve partagée en deux parties, l'une *inférieure*, l'autre *supérieure*. La première partie, placée au-dessous du niveau du sol, est, à proprement parler, une cave pratiquée pour recevoir les fourneaux, de manière à débarrasser l'intérieur de la sucrerie d'un massif de maçonnerie toujours incommode. Elle communique directement avec l'extérieur, pour que le service des foyers et des cendriers soit totalement indépendant des travaux de la sucrerie.

La partie supérieure ou la *Sucrerie* présente dans son intérieur les différens appareils qui doivent servir dans le travail des sucs exprimés, et qui se composent principalement des chaudières, des bassins à filtrer ou à décanter et des rafraîchissoirs.

La partie inférieure du fourneau, c'est-à-dire, le foyer et le cendrier, est entièrement comprise dans la cave : sa partie supérieure, appelée le *laboratoire*, s'élève dans l'intérieur de la sucrerie à une hauteur d'environ dix-huit pouces au-dessus du sol : cette partie doit être placée de manière qu'elle se trouve isolée des murs de la sucrerie sur ses deux plus longues faces, afin qu'on puisse circuler librement tout autour. Un des petits côtés est adossé à la muraille ; extérieurement contre cette même muraille est appuyée la cheminée du fourneau. La surface du laboratoire présente quatre chaudières en cuivre de la contenance de quatre à cinq milliers chacune ; ces chaudières ont la forme d'un cône tronqué renversé ; leur fond, légèrement concave, est formé d'une seule planche de cuivre, rattachée aux parois latérales par des clous également en cuivre parfaitement rivés.

Ces quatre chaudières, rangées sur une même ligne, ont reçu les noms suivans qui indiquent les opérations que subit le suc de cannes dans chacune d'elles, savoir : *première chaudière à déféquer*, *deuxième chaudière à déféquer*, *chaudière à évaporer*, *chaudière à cuire.*

La *première à déféquer* est la plus voisine du mur de la sucrerie, la *chaudière à cuire* se trouve à l'extrémité opposée, c'est-à-dire, dans un point plus rapproché du centre du bâtiment ; c'est entre ces deux chaudières extrêmes que se trouvent les deux autres.

On donne quelquefois des dimensions égales à ces quatre chaudières ; le plus communément cependant leur capacité va en diminuant de la *première à déféquer* à la *chaudière à cuire :* voici alors quelles sont les proportions qu'elles gardent entr'elles :

	Profondeur.	Diam. infér.	Diam. supér.	
Chaudière à cuire. . .	30 pouces.	60 pouces.	6 pieds	6 pouc.
Chaudière à évaporer.	29	62	6	8
Deuxième à déféquer.	28	62	7	"
Première à déféquer.	27	64	7	4

Concavité 2 à 3 pouces.

L'on ne donne une profondeur décroissante aux chaudières à mesure qu'elles s'éloignent de celle à cuire, que parce que la surface du fourneau est inclinée de cette dernière à la première à déféquer d'environ trois pouces. Ces chaudières sont très-rapprochées ; elles ne laissent entr'elles qu'un espace de deux à trois pouces. Sur chacun des bords du laboratoire, entre chaque chaudière, se trouvent de petits bassins où les écumes, enlevées avec l'écumoire, sont reçues et portées de là par des gouttières dans la *première à déféquer*. Entre celle-ci et le mur est un bassin beaucoup plus grand, destiné à recevoir les fécules de cette dernière ; de ce bassin elles s'écoulent au dehors dans une chaudière placée pour les recevoir. A la suite de la *chaudière à cuire*, est un vase en cuivre de la contenance de quatorze à quinze pieds cubes, appelé *rafraîchissoir*, qui termine le fourneau. Les bassins et les gouttières faits en plomb laminé sont soudés à une garniture de cuivre qui recouvre tout le *laboratoire ;* cette garniture est aussi soudée au pourtour des chaudières. Il n'y a pour toutes les chaudières qu'un seul foyer placé immédiatement sous celle à cuire. Le conduit qui porte dans la cheminée les produits de la combustion passe sous les suivantes, traverse le mur de la sucrerie, et va déboucher dans la cheminée placée, ainsi que nous l'avons dit ci-dessus, au dehors de la sucrerie. L'aire de ce conduit va en s'élevant à mesure qu'il s'éloigne du foyer ; en sorte que sa plus petite section est à son ouverture dans la cheminée. Par cette disposition, c'est la *chaudière à cuire* qui reçoit plus directement l'action de la chaleur, et cette action est d'autant moindre sur les suivantes, qu'elles sont à une plus grande distance de celle-ci.

Au nombre des appareils que présente l'intérieur de la sucrerie, nous avons cité les *bassins à filtrer ou à decanter.* Ce sont deux bassins rectangulaires en maçonnerie, doublés en plomb. Ils doivent être assez grands pour contenir chacun tout le suc exprimé, amené à l'état de vesou, portant vingt-quatre à vingt-six degrés à l'aréomètre, que peut fournir le moulin en vingt-quatre heures. Ils sont entièrement recouverts à quelques pouces au-dessous de leur bord supérieur d'un fond formé d'une claie d'osier, sur lequel on établit pour filtre une étoffe de laine, et quelquefois en outre une toile et un tamis de laiton. Le fond de ces deux bassins est élevé de quelques pieds au-dessus du sol de la sucrerie, afin qu'en ouvrant une soupape, la liqueur puisse couler par un tuyau qui établit la communication avec la chaudière à cuire. Sur le devant de ces bassins, est placé un grand chaudron ou réservoir dans lequel on fait arriver le jus des chaudières, d'où un nègre le prend et le verse sur les filtres.

Le suc exprimé coule du moulin dans de vastes bassins placés au dehors de la sucrerie, afin que le suc ne reçoive pas l'action de la chaleur. Ces bassins, ordinairement au nombre de deux, doivent être couverts par un appentis bien fermé ; ils sont doublés en plomb, et contiennent chacun au moins trois milliers.

Au moment de commencer les travaux, un bassin à suc exprimé se trouve rempli à un point déterminé, qui est toujours le même pour chaque opération, afin qu'on puisse se rendre un compte exact de la quantité de suc exprimé qui entre à la sucrerie; cette mesure porte le nom de *charge;* on fait passer cette charge dans la première *chaudière à déféquer;* on pése à l'instant une quantité de chaux relative à celle du suc exprimé, dans la proportion en volume d'un litre de chaux pour 800 litres de ce dernier; on la jette dans la *chaudière à déféquer;* on agite avec une cuiller pendant quelques minutes pour rendre le mélange plus intime ; puis on transvase en entier cette première charge ainsi traitée dans la *chaudière à cuire.* On fait arriver dans la *première à déféquer* du nouveau jus auquel on fait subir le même traitement, et on le fait passer dans la *chaudière à évaporer.* On remplit ainsi successivement toutes les chaudières, puis on allume le feu.

Le suc de la *chaudière à cuire* est le premier sur lequel se fasse sentir l'action de la chaleur qui se porte graduellement sur les suivantes. Lorsque le liquide est arrivé à la température de 40 à 45 degrés Réaumur, les premières fécules composées des parties ligneuses commencent à se séparer, et se rassemblent à la surface du liquide sous forme d'écumes qu'on enlève avec l'écumoire; elles sont versées dans des seaux de bois appelés *bayes*, et portées dans la chaudière extérieure à grosses écumes. Les fécules vertes elles-mêmes, ne tardent pas à se coaguler; elles sont pareillement enlevées avec l'écumoire, et versées dans les petits bassins que présente la surface du *laboratoire ;* elles sont entraînées dans les gouttières par le suc qu'on enlève avec elles dans la *première à déféquer*, où elles sont reprises de nouveau avec celles de cette chaudière, et jetées dans le bassin qui se trouve entre le mur et celle-ci. Dans le cours de ces opérations, on ajoute au suc exprimé, suivant qu'on le croit plus convenable, soit de la chaux en poudre, soit de la lessive de potasse ou de soude.

Le suc exprimé dépouillé des fécules porte alors le nom de *vesou*.

Lorsque le vesou de la *chaudière à cuire* marque 22 à 24 degrés de l'aréomètre (1), on ralentit le feu et l'on fait passer le vesou dans le réservoir placé au pied d'un des bassins à décanter, d'où on le vide à mesure sur le filtre.

La *chaudière à cuire* est de nouveau remplie, en y faisant passer la charge entière de la *chaudière à évaporer* dans celle-ci, celle de la *seconde à déféquer*, et celle de la *première à déféquer* dans la seconde. La première est remplie à l'instant d'une nouvelle

---

(1) L'aréomètre dont on se sert dans les sucreries est formé d'une boule de cuivre de 2 à 3 pouces de diamètre, portant un tube de six à huit pouces. On le charge avec du plomb, de manière qu'au 24.° de l'aréomètre de Baumé, la boule, plongée dans le liquide, se trouve couverte jusqu'à la naissance du tube.

charge de suc exprimé. On continue ce travail jusqu'à ce que le premier bassin à filtrer soit rempli ; alors le vesou, toujours évaporé au même degré de concentration, est porté de la même manière sur le second bassin à filtrer.

Cette première opération, dont le but principal est de séparer du suc exprimé les matières ligneuses entraînées mécaniquement dans l'action du moulin, les fécules vertes qui s'y trouvaient en dissolution, et que l'action simultanée de la chaleur et des alcalis tend à coaguler, a reçu le nom de *défécation.*

Pour laisser au vesou du premier bassin à filtrer le temps nécessaire de déposer les matières terreuses qui, par leur extrême finesse, auraient pu échapper au filtre, on jette pendant dix à douze heures sur le filtre du second bassin le vesou écumé et évaporé dans les quatre chaudières ; après quoi on arrête le feu pour vider et laver, s'il en est besoin, la *chaudière à cuire* dans laquelle on porte successivement le vesou filtré dans les premiers bassins, les trois autres chaudières continuant à évaporer au point déterminé pour être versé sur le second.

A mesure que l'on porte le vesou dans la *chaudière à cuire*, on s'assure si la défécation a été bien faite ; pour cela on en prend dans une cuiller d'argent, on le tourne sous différens aspects; on y mêle, soit de l'eau de chaux, pour reconnaître si toutes les fécules ont été enlevées, soit de l'acide sulfurique, pour s'assurer si la chaux n'a pas été mise en excès. Si, après deux ou trois minutes, la liqueur reste transparente, si l'on n'y aperçoit nager aucun corps solide, on est assuré que la défécation a été bien faite. On a proposé, pour faire cet essai, un appareil très-simple, qui nous semble plus propre qu'une cuiller à laisser juger de l'état du liquide. C'est un petit plateau en verre parfaitement blanc, sur lequel on laisserait tomber deux ou trois gouttes de sirop : plaçant ensuite le plateau entre l'œil et la lumière, on s'apercevrait aisément s'il reste des impuretés dans le vesou.

Tout le vesou filtré dans le premier bassin se trouve cuit au point convenable au moment où le second bassin achève de se remplir; alors les quatre chaudières servent à écumer et à évaporer comme auparavant, et l'on porte le vesou dans le premier bassin à filtrer qui a été vidé. Après huit ou dix heures, la *chaudière à cuire*, vidée et lavée de nouveau, reçoit, pour être cuit à son tour, le vesou du second bassin auquel on a laissé le temps de déposer.

Le vesou est évaporé dans la *chaudière à*

cuire jusqu'à consistance de sirop très-épais; mais, avant d'arriver au point convenable pour obtenir la plus grande quantité de cristaux possible, époque que l'on désigne par le nom de *cuite*, il passe par différens états qui ont reçu dans les sucreries des noms particuliers. Ainsi, l'on dit que le sucre *fait la goutte*. Ce point répond au 83e degré du thermomètre de Réaumur, lorsqu'en plongeant une écumoire dans le liquide, la relevant et la retournant plusieurs fois sur elle-même pour refroidir le sirop qu'elle a emporté, celui-ci découle en grosses gouttes qui ne se détachent que lentement. Un peu plus tard, on dit que le sucre *fait le fil*, lorsqu'en en prenant une goutte sur le pouce, y abaissant l'index et écartant brusquement ces deux doigts l'un de l'autre, il se forme un fil qui s'allonge à mesure de leur écartement, et se rompt en remontant en crochet vers l'index. Lorsque le sucre est arrivé au point connu sous le nom de *soufflé*, parce qu'on le reconnaît en soufflant à travers les trous d'une écumoire, dont il doit se détacher en bulle, on dit qu'il est cuit : ce point répond au 88e degré Réaumur. C'est alors qu'on le verse dans le rafraîchissoir. Ce point de *cuite* est suffisant, lorsqu'on ne veut faire que du sucre brut; mais il est nécessaire de l'outre-passer un peu ; c'est-à-dire, de porter la température du sirop jusqu'à 90 et même 92 degrés, si l'on a l'intention de fabriquer du sucre terré.

M. Dutrône, qui a proposé avec raison l'usage du thermomètre pour déterminer d'une manière plus sûre le degré de concentration, ou, comme on l'appelle, la *cuite*, a donné une table qui indique les quantités respectives du sucre réel et d'eau que contient un sirop indiquant une certaine température entre deux points extrêmes qu'il a fixés. Nous devons reproduire ici cette table qui peut être fort utile.

Les indications en ont été établies d'après la supposition que cent parties de sucre et soixante d'eau forment, à la température de 83 degrés Réaumur, qui est le point de départ, une dissolution saturée de sucre; qu'ainsi, à mesure que la température du mélange va en s'élevant, une quantité déterminée d'eau se vaporisant pour chaque degré, ce qui reste ne suffit plus pour tenir le sucre en dissolution; en sorte qu'il se déposera d'autant plus de cristaux, que la température aura été portée plus loin du 83°, et plus près du 110°, point où les 60 parties d'eau auront été complétement évaporées. A une température supérieure à 110°, le sucre, d'après M. Dutrône, entrerait en décomposition.

TABLE *des Quantités respectives d'eau et de sucre à diverses températures.*

Thermomètre.	Eau de dissolution enlevée à chaque degré du thermomètre.		Produit en sucre qui peut cristalliser pour chaque degré.		Eau qui est restée combinée au sucre à l'état de sirop après la cristallisation.		Sucre qui reste combiné à l'eau à l'état de sirop après chaque cristallisation.	
Degrés.	Kilo.	Gram.	Kilo.	Gram.	Kilo.	Gram.	Kilo.	Gram.
83	0	0	0	0	60	0	100	»
84	4	810	8	»	55	190	92	»
85	11	560	19	250	48	440	80	750
86	18	»	30	»	42	»	70	»
87	24	600	41	»	35	400	59	»
88	31	266	52	»	28	734	48	»
89	33	750	56	»	26	250	44	»
90	36	187	60	312	23	813	39	688
91	38	062	63	250	21	938	36	750
92	39	250	66	187	20	750	33	813
93	41	475	69	125	18	525	30	875
94	43	250	72	062	16	750	27	938
95	45	»	75	»	15	»	25	»
96	46	420	77	»	13	580	23	»

Thermomètre.	Eau de dissolution enlevée à chaque degré du thermomètre.		Produit en sucre qui peut cristalliser pour chaque degré.		Eau qui est restée combinée au sucre à l'état de sirop après la cristallisation.		Sucre qui reste combiné à l'eau à l'état de sirop après chaque cristallisation.	
Degrés.	Kilo.	Gram.	Kilo.	Gram.	Kilo.	Gram.	Kilo.	Gram
97	48	470	80	312	11	530	19	688
98	50	080	83	187	9	920	16	813
99	51	»	85	»	9	»	15	»
100	52	370	87	250	7	630	12	750
101	53	083	88	375	6	917	11	625
102	54	062	90	062	5	938	9	938
103	55	225	91	250	4	775	8	750
104	55	750	92	437	4	250	7	533
105	56	475	94	125	3	525	5	875
106	57	218	95	312	2	682	4	688
107	58	406	97	»	1	594	3	»
108	58	906	98	125	1	094	1	875
109	59	475	99	125	0	525	0	875
110	60	»	100	»	»	0	»	0

NOTA. Les indications de cette table, telle que M. Dutrône l'avait donnée, étaient en livres, onces et gros ; ces divisions de la livre étant aujourd'hui peu en usage, nous y avons substitué celles par kil. et gram.

De la Purgerie.

Du rafraîchissoir le sirop est porté à la purgerie et versé dans les *cristallisoirs ;* ce sont de grandes caisses en bois, doublées en plomb, de cinq pieds de longueur sur trois de largeur ; leur fond est composé de deux plans inclinés qui, à leur réunion, forment une gouttière répondant à la ligne centrale de la plus grande dimension. Cette gouttière est percée de douze à quinze trous d'un pouce de diamètre, pour l'écoulement des sirops : ces caisses sont soutenues, à huit ou dix pouces au-dessus du sol, par des traverses qui reposent sur des tasseaux de pareille hauteur. Les gouttières de ces caisses correspondent à des gouttières creusées dans le sol : ces dernières, qui sont enduites en ciment et doublées en plomb, sont inclinées vers un bassin qui reçoit par cette disposition les sirops de toutes les caisses. Le bassin à sirop est situé à l'extrémité de la purgerie, près d'un petit bâtiment appelé la *raffinerie*, dont nous parlerons plus bas ; il est creusé dans le sol, à plusieurs pieds de profondeur, revêtu en maçonnerie et doublé en plomb. Sa contenance doit être assez grande pour recevoir tout le sirop qui s'écoule des cristallisoirs ; il est recouvert en madriers à fleur de terre.

Quand le sirop est suffisamment refroidi dans le rafraîchissoir, on le verse, avons-nous dit, dans les cristallisoirs, dont on a eu soin de boucher les trous avec des chevilles de bois garnies de feuilles de maïs ; les chevilles s'élèvent intérieurement de trois à quatre pouces ; chaque cristallisoir est rempli de deux cuites qu'on agite avec soin pour bien les mélanger ensemble au moment où on les réunit.

La masse se refroidit très-lentement, et, après vingt-quatre heures, la cristallisation ne s'est encore établie qu'à la surface, contre les parois et au fond des cristallisoirs. A ce moment, on imprime à la masse encore fluide un léger mouvement avec un mouveron. On a soin, dans cette opération, de ramener à la surface le sucre qui s'est déjà déposé : la cristallisation, facilitée par cette agitation, se fait alors simultanément dans tout le cristallisoir ; et, si le mouvement a été donné à temps, la cristallisation est achevée en cinq ou six heures.

On laisse encore refroidir la masse pendant quatre à cinq jours, après lesquels on retire les chevilles ; le sirop s'écoule, et, six ou huit jours après, la purgation est complète.

Le sucre est alors enlevé des cristallisoirs et exposé à l'air pour achever de le dépouiller de l'humidité qu'il peut conserver encore ; il est ensuite mis dans des barriques dans lesquelles il est fortement tassé.

D'après la table que nous avons donnée, le sirop cuit à 88.° Réaumur, fournit plus de la moitié du sucre qu'il tenait en dissolution ; et si la défécation et la cristallisation ont été bien conduites, ce sucre est au plus haut degré de pureté et de blancheur qu'il puisse acquérir en brut.

On pourrait également terrer le sucre dans les cristallisoirs que nous venons de décrire, en se rappelant toutefois que, dans ce cas, il faut porter le point de cuite au moins à 90.° ; on se sert plus ordinairement de formes, et l'opération est conduite de la même manière que dans les purgeries, suivant l'ancienne méthode ; seulement on doit avoir un rafraîchissoir particulier, dans lequel on réunit trois ou quatre cuites du sirop dont on veut remplir les formes : il faut avoir soin aussi de n'employer que des vesous de bonne qualité, parce que les autres ne peuvent pas arriver à la cuite nécessaire sans subir quelque altération. Dans l'opération du terrage, on distingue les sirops qui coulent dans les pots, suivant l'époque de l'opération, par les noms de sirop de *premier*, *de second*, *de troisième produit*, etc. ; les sirops de second, troisième, quatrième, cinquième produit, sont cuits de nouveau pour en retirer le sucre qu'ils tiennent en dissolution ; cette opération se fait dans un petit bâtiment appelé *raffinerie*, adjacent à la purgerie, qui contient un fourneau sur lequel sont placées deux chaudières en cuivre, destinées à cuire les sirops et à clarifier au besoin. Le laboratoire de ce fourneau, comme celui des fourneaux de la sucrerie, est recouvert en cuivre ou en plomb, dans toute son étendue ; sur les côtés des laboratoires sont deux petits réservoirs qui reçoivent les sirops qu'on va cuire ; ils servent aussi à filtrer le sirop lorsqu'on clarifie : ces réservoirs sont faits en maçonnerie et doublés en plomb ; leur fond est à la hauteur des chaudières dans lesquelles ils se vident en ouvrant un robinet. Les *caux mères* ou résidus que l'on obtient en définition, et qui sont connus sous le nom de *mélasse-vesou*, sont portés à la rhumerie, avec les sirops de premier produit, pour être mis à fermenter, et ensuite distillés. Nous n'avons pas cru devoir interrompre le détail que nous avons donné des opérations d'une sucrerie, pour examiner quelle était la manière d'agir des alcalis dans cette fabrication ; nous allons donc actuellement revenir sur ce sujet important.

Les opinions sur le rôle que jouent les alcalis dans les opérations par lesquelles on obtient le sucre, sont très-nombreuses et présentent beaucoup de divergence. Quelques chimistes, au nombre desquels on doit citer Bergmann, et la généralité des planteurs, ont cru que leur effet était de neutraliser un acide dont l'existence dans le sirop s'opposait à la cristallisation du sucre.

M. Thénard (1) pense, et c'était également l'opinion de Duhamel (2), que la chaux a pour objet de rendre les écumes plus fermes et de contribuer à leur séparation, en s'unissant aux fécules vertes et formant avec celles-ci un composé qui se rassemble mieux que ne le feraient les fécules seules. Nous devons ajouter que telle était aussi, à peu de chose près, la manière de voir de M. Dutrône (3). Dans un mémoire sur l'action des alcalis sur le sucre, M. Daniel (4) prétend que la chaux agit en rendant plus soluble la matière colorante unie au sucre, et que de cette manière elle facilite la cristallisation et la purification

---

(1) Thénard. *Traité de Chimie élémentaire*, tom. 4, pag. 10, 4.e édit.

(2) *Encyclopédie méthodique*, au mot *sucre*, vol. 7, pag. 624, col. 2.

(3) *Précis sur la canne, etc.* pag. 87 et 134.

(4) *Annales de Chimie et de Physique*, tom. 10, pag. 219.

du sucre. Cette opinion se rapproche beaucoup de la croyance généralement admise avant Bergmann, de la combinaison des alcalis avec une matière grasse qu'on parvenait ainsi à séparer du sucre.

Si l'on en croit le docteur Higgins (1), les fécules vertes sont tenues en dissolution en partie par l'eau, et en partie par l'acide carbonique; cet acide se dégage lorsque le liquide est parvenu à la température de 50.° Réaumur environ, et cette matière herbacée se sépare alors en flocons verdâtres qui se rassemblent en forme d'écume ; la chaux facilite cette séparation, tant en s'emparant de l'acide carbonique qu'en formant une combinaison insoluble avec les fécules.

De toutes ces opinions, celles de Bergmann et celles de M. Thénard pourraient être également fondées, en supposant, comme le premier, la présence d'un acide dans le suc exprimé de la canne (2).

En effet, lors de la récolte, toutes les

(1) HIGGIN'S. *Observations. Phil. Mag.* tom. 24, pag. 308.

(2) Il est vrai que l'acide dont Bergmann admettait la présence était l'acide oxalique, ou, comme on l'appelait alors l'*acide saccharin*, qu'on n'a jamais rencontré dans le suc de cannes.

cannes ; et même toutes les parties d'une canne, ne sont point parvenues au même point de maturité : la matière sucrée n'est donc pas dans leur intérieur à un degré parfaitement uniforme d'élaboration ; or, presque toutes les substances végétales, avant d'être parvenues à complète maturité, contiennent une quantité plus ou moins grande d'acide malique. M. Proust en a au surplus reconnu l'existence dans le suc de cannes (1).

Le suc exprimé entrant en outre très-promptement en fermentation, rien n'empêche d'admettre que dans l'intervalle de temps qui s'écoule entre la récolte des cannes et le moment où le jus arrive dans les chaudières, il y ait développement d'un peu d'acide acétique.

Nous devons faire remarquer, cependant, que, dans quelques localités, nous citerons entre autres différentes plantations de la Jamaïque, dans lesquelles le suc de cannes est très-riche en sucre, la séparation des écumes et des fécules vertes se fait sans addition de chaux.

Un des inconvéniens attachés à l'emploi de la chaux, surtout lorsqu'on la met en

---

(1) *Annales de Chimie*, tom. 57, pag. 148.

poudre, ainsi que cela se pratique le plus ordinairement, est sa précipitation au fond des chaudières où elle s'attache, ce qui fait que celles-ci se détériorent en très-peu de temps.

Un excès de chaux dans le vesou se reconnaît à la couleur de celui-ci : il devient d'abord jaune, et passe ensuite au rouge brun si la quantité de chaux est beaucoup trop forte; il répand en outre une forte odeur de lessive, et sa saveur devient alcaline ; c'est ce qui arrive dans la plupart des sucreries où l'on ajoute la chaux en proportions toujours trop considérables.

Des inconvéniens non moins graves résulteraient de sa présence dans le sirop lorsqu'on le met à cristalliser, puisque, d'après la propriété que nous avons reconnue au sucre d'être décomposé par la chaux, une partie se convertirait avec le temps en matière mucilagineuse ; c'est ce qu'on a souvent lieu de remarquer dans les raffineries d'Europe, dans lesquelles on n'obtient alors, d'un sucre très-beau en apparence, que très-peu de sucre cristallisable.

Observations sur la méthode précédente.

Les chaudières en cuivre avaient été employées dès les premiers temps de la fabrication du sucre dans les colonies françaises : ce furent les Hollandais qui, les premiers, se servirent de chaudières de fonte dont l'usage, dans un but d'économie bien mal entendu, ne tarda pas à devenir général. En cherchant à leur substituer de nouveau les chaudières de cuivre, en discutant les avantages réels qu'elles présentent, en les faisant ressortir avec beaucoup de sagacité, en les opposant aux inconvéniens nombreux, inséparables de l'emploi des chaudières de fonte, M. Dutrône a donc rendu un service important aux planteurs, et amélioré d'une manière sensible les procédés de fabrication du sucre.

Mais, la méthode qu'il a proposée est-elle assez parfaite dans toutes ses parties pour ne laisser rien à désirer? nous ne le pensons pas. Rendons justice, cependant, à M. Dutrône; à l'époque où ce savant faisait les premières applications de sa méthode, en 1785, les arts chimiques étaient peu connus, la chimie elle-même venait de prendre une face toute nouvelle : les faits, aujourd'hui si nombreux, étaient encore rares; on ne se hasardait pas même à en tirer des conséquences qui pouvaient être démenties par des faits nouveaux; on marchait au hasard, en se contentant d'observer avec soin les phénomènes, afin de pouvoir saisir un jour le fil qui les unissait entre eux. On conçoit combien d'erreurs ont pu être commises, combien de conjectures hasardées ont été démenties.

C'est ainsi que, dans tout ce qui a rapport à la connaissance des principes constituans du suc de cannes, à leur manière d'être, à leur action respective, aux changemens qu'ils éprouvent par les divers agens qu'on emploie, nous avons dû nous écarter de l'opinion de M. Dutrône; mais nous reproduirons, en ajoutant quelques observations nouvelles, la plupart des raisons qu'il fait valoir en faveur de l'emploi des chaudières de cuivre.

Il est facile de donner aux chaudières de cuivre telle dimension qu'on voudra, tandis qu'on ne peut obtenir en fonte que des chaudières d'une assez petite capacité, d'où résulte la nécessité de les surmonter d'un glacis; elles n'ont pas, comme ces dernières, l'inconvénient de se couvrir d'une couche de rouille, ce qui permet de les entretenir parfaitement propres; elles ne courent pas le risque de se rompre par des transitions brusques de température, ainsi que cela peut arriver aux chaudières en fonte, chaque fois qu'on y verse du suc de cannes froid. Le cuivre est un des métaux les plus perméables à l'action de la chaleur. D'après des résultats obtenus dans ces derniers temps, on sait qu'une surface d'un mètre carré de cuivre de

2. 5 lignes d'épaisseur, la plus considérable qu'on donne aux feuilles de cuivre, laisse passer par heure une quantité de chaleur capable de vaporiser quarante litres d'eau, tandis qu'une surface égale de fonte, dont l'épaisseur est, il est vrai, toujours plus grande, n'en laisse passer, dans le même temps, qu'une quantité capable de vaporiser vingt litres d'eau. L'économie qu'on croyait faire n'était donc qu'illusoire, puisque la dépense en combustibles surpassait de beaucoup l'épargne qu'on faisait sur la valeur d'une chaudière.

La durée d'une chaudière de cuivre est bien plus grande que celle d'une chaudière de fonte, puisqu'on peut, lorsque son fond est usé, en remettre un neuf, ce qui ne peut se faire à une chaudière de fonte, qui se trouve tout-à-fait hors de service; les vieilles chaudières de cuivre conservent encore une certaine valeur, tandis que celle de la vieille fonte est à-peu-près nulle.

L'introduction du filtre dans les sucreries n'était pas une innovation; le père Labat, dans la description qu'il donne des opérations d'une sucrerie, dit qu'on est dans l'usage de filtrer le vesou en le passant d'une chaudière dans l'autre; les filtres dont on se servait étaient en toile et en laine, montés sur des châssis que l'on plaçait au-dessus de la chaudière ; la disposition proposée par M. Dutrône nous paraît bien préférable ; aussi a-t-elle été généralement adoptée, même en France, dans les raffineries.

M. Dutrône ne paraît pas avoir senti les inconvéniens qui résultent de la disposition qu'il a conservée à ses fourneaux, en continuant, ainsi que cela se pratiquait avant lui, à placer toutes les chaudières sur un seul foyer ; cette méthode est tout-à-fait vicieuse : nous croyons qu'il serait bien plus convenable, ainsi qu'on l'avait fait autrefois, d'établir, pour chaque chaudière, un foyer particulier ; on pourrait alors, quand il est nécessaire d'éteindre le feu sous une chaudière, continuer à travailler dans les autres avec la même activité, ce qui est tout-à-fait impossible avec un seul foyer pour plusieurs chaudières. Ce n'est guère qu'en 1725 qu'on a commencé, à l'exemple des Anglais, à donner une pareille disposition ; or, dès 1778, nous voyons les Anglais y renoncer pour revenir à l'ancienne, et un M. Samuel Sainthill prendre une patente pour cet objet. Au surplus, peut-être serait-il très-facile, tout en conservant la disposition d'un foyer unique, qui doit être avantageuse sous le point de vue d'économie du combustible, de modifier les autres parties du fourneau, de telle sorte qu'on pût, à volonté, intercepter la communication du feu avec une ou plusieurs chaudières, sans arrêter ni ralentir le travail dans aucune des autres.

Relativement aux changemens proposés par M. Dutrône dans les appareils et les opérations de la purgerie, nous ne sachions pas qu'ils aient été aussi généralement adoptés que ceux dont nous venons de traiter. Ils ne nous semblent pas de nature à compenser, par une supériorité marquée dans la qualité des produits, les frais d'établissement, et l'augmentation de la main-d'œuvre. Nous croyons que, lorsque les appareils des anciennes purgeries seront bien faits, les opérations conduites avec intelligence, on obtiendra du sucre aussi beau que dans une purgerie de M. Dutrône, et avec beaucoup moins de frais.

Au surplus, M. Thénard nous apprend (1) que d'importans changemens se préparent actuellement; on cherche à introduire dans nos colonies l'usage du charbon et du sang transporté d'Europe après sa dessication. Les résultats obtenus à cet égard sous la direction de M. Charles Derosnes paraissent extrêmement avantageux; le nouveau procédé serait le même que celui qu'on suit en France

---

(1) THÉNARD. *Traité de Chimie élémentaire*, tom. 4, pag. 11, 4.e édit.

pour l'extraction du sucre de betteraves, que nous décrirons avec soin lorsque nous en serons arrivés à cette partie de notre travail.

Le Bulletin de la société d'encouragement de l'année 1816, annonce que M. Dorion, à la Martinique, a imaginé un nouveau procédé pour clarifier le suc récemment exprimé des cannes, qui consiste à remplacer le sang de bœuf par l'écorce du *théobromu gazuma.* Ce procédé a été jugé d'une telle importance, que cette colonie, après des expériences authentiques, a récompensé l'auteur par un don de 120,000 francs; que celle de la Guadeloupe y a joint une somme égale, et que les Anglais l'ont traité plus libéralement encore. La société d'encouragement devait la connaissance de ces faits à M. Duchamp-Delbecq.

Nous trouvons, dans un ouvrage récemment publié en Angleterre, la description des procédés suivis dans les colonies anglaises pour extraire le sucre : nous croyons utile de reproduire ici les différences qu'ils offrent avec ceux que nous avons décrits.

Le suc exprimé est porté dans de grandes chaudières de cuivre, de la contenance de 12 à 1500 litres, placées chacune sur un foyer particulier; on y ajoute la proportion de chaux que l'on juge nécessaire, ensuite on allume le feu. On porte la température du liquide très-près du point d'ébullition, sans cependant le laisser bouillir : on reconnaît qu'on est arrivé au point convenable, lorsque les premières bulles de vapeur traversent la couche épaisse d'écume qui s'est formée à la surface, le thermomètre indique alors à-peu-près 80° Réaumur. A ce moment on éteint le feu en fermant un registre, au moyen duquel on peut arrêter à volonté le passage de l'air. Le liquide est abandonné à lui-même pendant une heure ou deux, pour donner aux fécules le temps de se réunir et de s'élever à la surface sous forme d'écume. Quand on pense que cette action s'est produite, on retire, au moyen d'un syphon, ou d'un robinet que la chaudière porte à son fond, le liquide qui se trouve au-dessous de cette couche qui a acquis assez de consistance pour s'abaisser sans se rompre. Le vesou ainsi soutiré arrive par une gouttière dans une chaudière où il est évaporé à grand feu, ayant soin d'enlever les écumes qui se produisent; on ajoute même au besoin de l'eau de chaux, si la liqueur n'est pas claire, tant pour faire agir la chaux, que pour étendre d'eau le sirop qui, par sa viscosité, s'oppose à la séparation des matières étrangères. Le reste de l'opération se fait de la même manière que dans la méthode des colonies françaises.

Le but qu'on se propose dans cette manière de clarifier, est de séparer mieux qu'on ne peut le faire avec l'écumoire, les matières en suspension dans le vesou qui, dans l'ébullition, acquièrent un mouvement de circulation qui les mêle continuellement avec le liquide, tandis qu'elles s'en séparent lorsque ce mouvement n'a pas lieu. L'exposition du sucre se trouve ainsi moins longtemps prolongée, ce qui doit présenter aussi des avantages réels.

L'opération du terrage n'est point pratiquée dans les colonies anglaises; on y fabrique tout le sucre en brut, et on l'expédie dans cet état. Les planteurs anglais sont d'avis que la portion de sucre qui s'écoule avec l'eau servant à entraîner la melasse, est assez considérable pour que la différence du prix qui en résulte ne soit pas suffisante pour la payer. La perte de poids qui a lieu par le terrage, est de 40 pour cent environ. Il est vrai qu'en concentrant de nouveau les mélasses, elles donneront bien la majeure partie de ces 40 pour cent; mais alors la rhumerie manquera de mélasses, et le peu qu'on consacrera à la fermentation, sera de la qualité la plus inférieure. M. Edwards croit en effet que l'usage où sont les planteurs anglais d'expédier en Europe leur sucre à l'état de moscouade, et de distiller les mélasses, est plus avantageux que le système de terrage.

Du Sucre d'Érable.

Pour réunir dans un même chapitre tout ce qui a rapport aux sucres exotiques, nous allons traiter immédiatement du sucre d'érable : les détails les plus circonstanciés que nous ayons pu nous procurer sur la culture de l'arbre qui le produit, et sur les moyens employés pour l'extraire, ayant été donnés dans le bulletin de la société d'encouragement pour l'année 1811, nous les reproduisons tels qu'ils se trouvent dans cet ouvrage.

De la culture de l'Érable à Sucre, et de la méthode suivie dans les Etats-Unis de l'Amérique pour fabriquer le sucre avec sa sève.

L'érable à sucre (*acer saccharinum* de Linnée) croît en grand nombre dans les états du centre de l'Union-Américaine. Ceux qui croissent à New-Yorck et en Pensylvanie, fournissent une plus grande quantité de sucre que ceux que produisent les environs de l'Ohio. On les trouve mêlés avec le hêtre, le sapin, le frêne, l'arbre à concombres, le tilleul, le peuplier, le noyer et le cerisier sauvage. On les voit quelquefois en bouquets, qui couvrent 5 à 6 acres de terrain ; mais ils sont plus ordinairement mêlés à quelques-uns des arbres que nous venons de citer. On les trouve généralement au nombre de trente à cinquante par acre. Ils croissent surtout dans les terrains fertiles, et même dans les sols pierreux. Des sources de l'eau la plus limpide jaillissent en abondance dans leur voisinage. Parvenus à leur plus grand accroissement, ils atteignent la hauteur des chênes blancs et noirs, et leur tronc a deux à trois pieds de diamètre. Ils portent au printemps une fleur jaune en houpe ; la couleur de cette fleur les distingue de l'érable commun, dont la fleur est rouge. (*Acer rubrum* de Linnée.) Cet arbre donne un excellent bois de chauffage, dont la cendre produit une grande quantité de potasse qui est peut-être égale en qualité à celle que l'on tire de tout autre arbre qui croît dans les forêts des Etats-Unis. On présume que l'érable atteint au bout de quarante ans le terme de son accroissement.

Nous allons indiquer la méthode qui est généralement suivie dans les Etats-Unis pour extraire le sucre de la sève de l'érable. Nous en devons la communication à M. Michaux, observateur éclairé, qui a séjourné plusieurs années dans l'Amérique septentrionale, et qui a recueilli des notions précieuses sur la culture des arbres forestiers de ce pays, dont quelques-uns sont déjà acclimatés en France.

L'extraction du sucre d'érable est d'un grand secours pour les habitans qui vivent à une grande distance des ports de mer où cet arbre est abondant; car, dans les Etats-Unis, toutes les classes de la société font un usage journalier du thé et du café.

Le procédé qu'on suit généralement pour obtenir cette espèce de sucre est très-simple, et il est, à peu de chose près, le même dans tous les lieux où on l'emploie. Quoique ce procédé ne soit pas déféctueux, on pourrait le perfectionner et en retirer de plus grands avantages, si l'on suivait les instructions publiés dans ce pays pour le rectifier.

C'est ordinairement dans le courant de février, ou dès les premiers jours de mars, qu'on commence à s'occuper de ce travail, époque où la sève entre en mouvement, quoique la terre soit encore couverte de neige, que le froid soit très-rigoureux, et qu'il s'écoule presque un intervalle de deux mois avant que les arbres entrent en végétation. Après avoir choisi un endroit central, eu égard aux arbres qui doivent fournir la sève, on élève un appentis, désigné sous le nom *sugar-camp*, camp à sucre. Il a pour objet de garantir des injures du temps les chaudières dans lesquelles se fait l'opération, et les personnes qui la dirigent. Une ou plusieurs tarières d'environ trois quarts de pouce de diamètre, des petits augets destinés à recevoir la sève, des tuyaux de sureau ou de sumac de 8 à 10 pouces, ouverts sur les deux tiers de leur longueur, et proportionnés à la grosseur des tarières ; des seaux pour vider les auges et transporter la sève au camp ; des chaudières de la contenance de 15 ou 16 gallons (60 à 64 litres) ; des moules propres à recevoir le sirop arrivé au point d'épaississement convenable pour être transformé en pain ; enfin, des haches pour couper et fendre le combustible, sont les principaux ustensiles nécessaires à ce travail.

Les arbres sont perforés obliquement de bas en haut à 18 ou 20 pouces de terre, de deux trous faits parallèlement à 4 ou 5 pouces de distance l'un de l'autre. Il faut avoir l'attention que la tarière ne pénètre que d'un demi-pouce dans l'aubier, l'observation ayant appris qu'il y avait un plus grand écoulement de sève à cette profondeur que plus ou moins avant. On recommande encore, et on est dans l'usage de les percer dans la partie de leur tronc qui correspond au midi ; cette pratique, quoique reconnue préférable, n'est pas toujours suivie.

Les augets, de la contenance de 2 ou 3

gallons (8 à 12 litres), sont faits le plus souvent, dans les Etats du nord, de pin blanc, de frêne blanc ou noir, ou d'érable. Sur l'Ohio, on choisit de préférence le mûrier, qui y est très-commun; le châtaignier, le chêne, et surtout le noyer noir et le *butternut*, ne doivent point être employés à cet usage, parce que la sève se chargerait facilement de la partie odorante, et même d'un certain degré d'amertume dont ces bois sont imprégnés. Un auget est placé à terre au pied de chaque arbre, pour recevoir la sève qui s'écoule par les deux tuyaux introduits dans les trous faits avec la tarière; elle est recueillie journellement et portée au camp, où elle est déposée provisoirement dans des tonneaux, d'où elle est tirée pour emplir les chaudières. Dans tous les cas, elle doit être bouillie dans le cours des deux ou trois premiers jours qu'elle a été extraite du corps de l'arbre, étant susceptible d'entrer promptement en fermentation, surtout si la température devient plus modérée. On procède à l'évaporation par un feu actif, en ayant soin d'écumer pendant l'ébullition, et on ajoute à la richesse de la liqueur par l'addition successive de nouvelles quantités de sève, jusqu'à ce qu'enfin, prenant une consistance sirupeuse, on la passe, après qu'elle est refroidie, à travers une couverture ou toute autre étoffe de laine, pour en séparer les impuretés dont elle pourrait être chargée.

Quelques personnes recommandent de ne procéder au dernier degré de cuisson qu'au bout de douze heures ; d'autres, au contraire, pensent qu'on peut s'en occuper immédiatement. Dans l'un ou l'autre cas, on verse la liqueur sirupeuse dans une chaudière, qu'on n'emplit qu'aux trois quarts, et, par un feu vif et soutenu, on l'amène promptement au degré de consistance requis pour être versée dans des moules ou baquets destinés à la recevoir. On connaît qu'elle est arrivée à ce point, lorsqu'en prenant quelques gouttes entre les doigts, on sent des petits grains. Si, dans le cours de cette dernière cuite, la liqueur s'emporte, on jette dans la chaudière un petit morceau de lard ou de beurre, ce qui la fait baisser immédiatement. La mélasse s'étant écoulée des moules, ce sucre n'est plus déliquescent comme le sucre brut des colonies.

Le sucre d'érable obtenu de cette manière est d'autant moins foncé en couleur, qu'on a apporté plus de soin à l'opération, et que la liqueur a été rapprochée convenablement. Alors il est supérieur au sucre brut des colonies, au moins si on le compare à celui dont on se sert dans la plupart des maisons des Etats-Uuis; sa saveur est aussi agréable, et il sucre également bien ; raffiné, il est aussi beau et aussi bon que celui que nous obtenons dans nos raffineries en Europe.

Cependant on ne fait usage du sucre d'érable que dans les parties des Etats-Unis où il se fabrique, et rarement dans les campagnes ; car, soit préjugé ou autrement, dans les petites villes et dans les auberges de ces mêmes contrées, on ne sert que du sucre brut des colonies.

L'espace de temps pendant lequel les arbres exsudent leur sève, est limité à environ six semaines. Sur la fin elle est moins abondante et moins sucrée, et se refuse quelquefois à la cristallisation ; on la conserve alors comme mélasse qui est considérée comme supérieure à celle du commerce. La sève, exposée plusieurs jours au soleil, détermine une fermentation acide qui la convertit en vinaigre.

Dans un ouvrage périodique publié à Philadelphie, il y a quelques années, on indique la manière suivante de faire de la bière d'érable à sucre : On ajoute, à quatre gallons d'eau bouillante, un litre de cette mélasse et un peu de levain pour exciter la fermentation ; si, à cette même quantité d'eau et de mélasse, on ajoute une cuillerée d'essence de spruce, on obtient une bière des plus agréables et des plus saines.

Le procédé que nous venons de décrire, qui

est le plus généralement suivi ; est absolument le même, soit qu'on tire la sève de l'érable à sucre ou sucrier, soit de l'érable rouge ou de l'érable blanc ; mais ces deux dernières espèces doivent fournir le double de sève pour donner la même quantité de sucre.

Différentes circonstances contribuent à rendre la récolte du sucre plus ou moins abondante ; ainsi, un hiver très-froid et très-sec est plus productif que lorsque cette saison a été très-variable et très-humide. On observe encore que, lorsque pendant la nuit il a gelé très-fort, et que dans la journée qui la suit l'air est très-sec et qu'il fait un beau soleil, la sève coule avec une grande abondance, et qu'alors un arbre donne quelquefois 2 à 3 gallons en 24 heures. On estime que trois personnes peuvent soigner 250 arbres, qui donnent 1,000 livres de sucre, ou environ 4 livres par arbre, ce qui cependant ne paraît pas toujours être le cas pour tous ceux qui s'en occupent ; car plusieurs fermiers, sur l'Ohio, ont assuré n'en obtenir qu'environ deux livres.

Les arbres qui croissent dans les lieux bas et humides donnent plus de sève, mais moins chargée de principes saccharins que ceux situés sur les collines ou les côteaux ; on en retire proportionnellement davantage de ceux qui sont isolés au milieu des champs ou le long des clôtures des habitations : on a remarqué aussi que, lorsque les cantons où l'on exploite annuellement le sucre sont dépourvus des autres espèces d'arbres, même des érables à sucre malvenans, on obtient des résultats plus favorables.

Pendant son séjour à Pittsburgh, M. Michaux eut occasion de voir consigné, dans une gazette de Gransburgh, le fait suivant, qui mérite d'être cité.

« Ayant, dit l'auteur de la lettre, introduit vingt tuyaux dans un érable à sucre, j'ai retiré, le même jour, 23 gallons 3/4 de sève, qui donnèrent 7 livres 1/4 de sucre; et tout le sucre obtenu dans cette saison de ce même arbre, a été de 33 livres, qui équivalent à 108 gallons de sève. » Cette quantité de 108 gallons fait supposer que 3 gallons de sève donnent une livre de sucre, quoique en général on estime qu'il faille 4 gallons à la livre.

Il résulte de cet essai que de chacun des vingt tuyaux il s'est écoulé un litre et 1/4 de sève, quantité équivalente à ce qu'on retire seulement des deux canules qu'on introduit dans les arbres perforés à cet effet. De ces faits, ne pourrait-on conclure que la sève ne s'échappe que par les vaisseaux séveux, lacérés par les tarières qui y correspondent à l'orifice supérieur ou inférieur ; et qu'elle n'est pas recueillie à cet endroit des parties environnantes. M. Michaux ajoute qu'il est d'autant plus disposé à croire que cela se passe ainsi, qu'un jour, parcourant les profondes solitudes des bords de l'Ohio ; il lui vint à l'idée d'entamer un sucrier à quelques pouces au-dessus de l'endroit où il avait été percé l'année précédente : en effet, il observa qu'au lieu d'un aubier très-blanc, les fibres ligneuses présentaient, à cet endroit, une bande verte de la même largeur et de la même épaisseur que l'orifice qui avait été pratiqué. L'organisation des fibres ligneuses ne semblait pas altérée, mais cela n'est pas suffisant pour inférer qu'ils puissent donner de nouveau passage à la sève l'année suivante. On objectera peut-être qu'il est prouvé que des arbres ont été travaillés depuis trente ans sans qu'ils paraissent avoir diminué de vigueur ni avoir rendu moins abondamment de sève ; on pourrait répondre à cette observation qu'un arbre de 3 à 4 pieds de diamètre présente beaucoup de surface ; qu'on évite de perforer l'arbre au même endroit, et que, quand même cette circonstance aurait lieu après trente ou quarante ans, les couches successives acquises dans cet intervalle mettraient cet individu presque dans le même état qu'un arbre récemment soumis à cette opération.

C'est dans la partie supérieure du nouveau Hampshire, dans l'état de Vermont, dans le Tennessé, l'état de New-York, dans la partie de la Pensylvanie située sur les branches orientales et occidentales de la Susquehanna, à l'ouest des montagnes, dans les contrées avoisinant les rivières Mononghahela et Alleghany, enfin sur les bords de l'Ohio, qu'il se fabrique une plus grande quantité de sucre. Dans ces contrées, les fermiers, après avoir prélevé ce qui leur est nécessaire jusqu'à l'année suivante, vendent aux marchands des petites villes voisines le surplus de ce qu'ils ont récolté, à raison de huit sous la livre, et ces derniers le revendent onze à ceux qui ne veulent pas s'occuper de cette fabrication, ou qui n'ont pas d'érables à leur disposition.

Il se fait encore beaucoup de ce sucre dans le haut Canada, sur la rivière Wabosch, aux environs de Michillimakinac, où les Indiens qui le fabriquent l'apportent et le vendent aux préposés de la Compagnie du Nord-Ouest, établie à Montréal; ce sucre est destiné pour l'approvisionnement de leurs nombreux employés, qui vont à la traite des fourrures, au-delà du lac supérieur.

Dans la Nouvelle-Ecosse, le duché de Maine, sur les montagnes les plus élevées de la Virginie et des deux Carolines, il s'en fabrique également, mais en bien moindre quantité ; et il est probable que les sept dixièmes des habitans s'approvisionnent de sucre des colonies, quoique l'érable ne manque pas dans ces contrées.

On a avancé, et il paraît certain que, dans la partie supérieure des états de New-Yorck et de la Pensylvanie, il y avait une étendue de pays qui abondait tellement en érables à sucre, que ce qui pourrait être fabriqué de ce sucre suffirait à la consommation des Etats-Unis ; que la somme totale des terres recouvertes d'érables à sucre dans la partie indiquée de chacun de ces états, est de 526,000 acres qui, par une réduction très-modérée, donneraient environ 8,416,800 livres de sucre, quantité requise, et qui pourrait même être extraite de 105,210 acres, à raison de quatre livres par arbre, et seulement de 20 arbres par acre, quoiqu'on estime qu'un acre contienne à-peu-près quarante arbres. Cependant il ne paraît pas que cette extraction, qui est limitée seulement à six semaines de l'année, réponde à cette idée vraiment patriotique. Ces arbres, dans ces contrées, croissent sur d'excellentes terres qui se défrichent rapidement, soit par les émigrations des parties maritimes, soit par l'augmentation singulière de la population, tellement qu'avant un demi-siècle, peut-être, les érables se trouveront confinés aux situations trop rapides pour être cultivés, et ne fourniront plus de sucre qu'au propriétaire qui les possédera sur son domaine ; à cette époque, le bois de cet arbre, qui est fort bon, donnera peut-être un produit supérieur et plus immédiat que le sucre lui-même. On a encore proposé de planter des érables à sucre autour des champs ou en verger ; dans l'un ou l'autre cas, des pommiers ne donneront-ils pas toujours un bénéfice plus certain ; car, dans l'Amérique septentrionale, on a éprouvé que ces arbres viennent dans des terrains qui sont si arides que les érables à sucre ne pourraient y végéter ? On ne peut donc considérer que comme très-spéculatif tout ce qui a été dit sur ce sujet, puisque, dans la Nouvelle-Angleterre, où il y a beaucoup de lumières répandues dans les campagnes et où cet arbre est indigène, on ne voit pas encore d'entreprises de ce genre qui puissent tendre à restreindre l'importation du sucre des colonies.

Les animaux sauvages et domestiques sont avides de la sève des érables, et forcent les barrières pour s'en rassasier.

Nous ajouterons que la sève de l'érable plane, qui est probablement celui qui croît en Bohême, en Hongrie, donne une moindre quantité de sucre que celle de l'érable à sucre. L'érable à feuilles de frêne (*acer ne-*

gundo), qu'on élève aujourd'hui dans nos pépinières, ne produit point de sucre.

On ne peut mieux terminer ces citations qu'en les appuyant des faits que contient la lettre suivante, écrite de Vienne le 21 juillet 1810.

« On a déjà commencé ici (à Vienne) à faire usage d'une espèce de sucre, tiré du suc de l'érable. Des essais en grand, entrepris dans différentes parties de cette monarchie, ne laissent aucun doute sur l'utilité de cette découverte. Les différentes espèces d'érables qui sont propres à fournir du sucre, se trouvent en assez grand nombre dans les forêts des états de l'Autriche : il y en a des bois entiers en Hongrie et en Moravie. Le prince d'Auersberg, qui a déjà fait, depuis plusieurs années, dans ses terres de Bohême, des expériences pour extraire le sucre de l'érable, s'occupe actuellement d'établir pour cet objet une fabrique dont les frais s'élèvent à 20,000 florins, et qui doit produire annuellement trois à quatre cents quintaux de sucre. Le prince a fait planter récemment plus d'un million d'érables. On a lieu d'espérer que cet exemple trouvera bientôt des imitateurs parmi les grands propriétaires; et il serait possible que l'on eût ainsi du sucre indigène, même en plus grande quantité qu'il n'est nécessaire pour la consommation du pays.

Du Sucre de Betterave.

Margraff, célèbre chimiste prussien, fut conduit vers la fin du siècle dernier par la saveur sucrée de la betterave, et par l'aspect cristallin que présente son intérieur, lorsqu'on l'examine avec une loupe, à y soupçonner l'existence d'une matière analogue au sucre. Voici le détail des recherches faites pour reconnaître la nature de cette matière, tel qu'il le donna lui-même dans un mémoire lu à l'académie de Berlin en 1747.

Après avoir coupé des betteraves en tranches minces, Margraff les fit sécher avec précaution, et les réduisit en poudre. Sur huit onces de betterave ainsi pulvérisée, il versa seize onces d'alcohol le plus rectifié qu'il avait pu se procurer, et exposa le mélange sur un feu doux au bain de sable. Aussitôt que le liquide parvint au point d'ébullition, il le retira du feu, et le filtra dans un flacon qu'il boucha et abandonna à lui-même. Après quelques semaines, il s'aperçut qu'il s'était formé des cristaux, qui lui présentèrent tous les caractères physiques et chimiques des cristaux du sucre de canne. L'alcohol qui restait, contenait du sucre en dissolution, et en outre une matière résineuse qu'il en retira par l'évaporation.

Ayant soumis à un traitement semblable la racine de bette blanche, celle de chervis et de quelques autres plantes, elles lui fournirent toutes du sucre, mais en proportions différentes; la betterave fut celle qui lui en donna le plus. L'existence du sucre une fois constatée, Margraff chercha à l'extraire par des procédés plus économiques que ceux qu'il avait suivis d'abord, et se rapprochant davantage des procédés en usage pour l'extraction du sucre de canne.

Après avoir pilé dans un mortier et réduit à l'état de pâte une certaine quantité de betteraves, il l'enferma dans un sac de toile, et la soumit à l'action d'une presse pour en séparer d'abord toutes les parties liquides. La pulpe, ainsi exprimée, fut humectée avec de l'eau froide, et pressée de nouveau. Ayant réuni les différens liquides, il les laissa reposer dans un lieu frais pendant vingt-quatre heures: le liquide alors était devenu clair, et il s'était formé un dépôt. Margraff trouva qu'il n'était possible de retirer du sucre du jus de betterave, qu'autant que ce dépôt s'effectuait complètement.

Le liquide, ainsi transparent, fut mis sur le feu; évaporé d'abord, ensuite écumé et clarifié avec des blancs d'œufs ou du sang de bœuf; enfin concentré jusqu'à consistance de sirop et placé dans une étuve où il fut abandonné pendant six mois. Il se forma une grande quantité de cristaux sur les parois du vase, et la masse entière n'était plus qu'à demi-fluide. Il chauffa légèrement pour donner au sirop plus de liquidité, et le tout fut jeté dans un entonnoir percé, à son fond, de plusieurs trous à travers lesquels s'écoula le sirop, en laissant les cristaux dans l'entonnoir. Ces cristaux conservaient encore de l'humidité ; pour les sécher complètement, Margraff les pressait entre deux feuilles de papier gris.

Quelques imparfaits que fussent les moyens employés par Margraff pour retirer le sucre de la betterave, ce célèbre chimiste n'en entrevit pas moins l'importance que pouvait avoir sa découverte ; aussi la recommanda-t-il à l'attention des agriculteurs auxquels il la présenta comme pouvant être la source d'une nouvelle branche d'industrie. Le prix modique du sucre, à l'époque des travaux de Margraff, les procédés dispendieux, impraticables en manufactures, qu'il indiquait comme propres à retirer le sucre de la betterave ; l'état même des sciences chimiques, qui n'étaient alors cultivées que par quelques savans, furent certainement les causes pour lesquelles cette découverte ne parut intéressante que sous le point de vue scientifique, et qu'il ne vint à l'idée de personne qu'elle pût jamais présenter assez d'avantages pour être l'objet de spéculations manufacturières.

Ces recherches de Margraff, et les conséquences qu'il en avait déduites, étaient donc à-peu-près inconnues, lorsque M. Achard, de Berlin, ayant repris et varié ces expériences, parvint à extraire en grand le sucre de la betterave, par des procédés assez économiques pour lever tous les doutes sur la possibilité de retirer avec avantage le sucre de plantes indigènes.

La direction donnée aux esprits par les brillantes découvertes de la chimie, à-peu-près à l'époque où les résultats d'Achard furent connus en France, contribua puissamment à fixer sur eux l'attention des savans, et par conséquent à en répandre la connaissance : on répéta, on varia les expériences, afin de simplifier la méthode et d'en trouver une qui présentât un travail plus facile et des résultats encore plus avantageux.

Les résultats de cette fabrication adoptée en France avec empressement ne répondirent pas dans le principe aux espérances de ceux qui s'attendaient à en retirer des bénéfices immenses. Des fabriques établies à grands frais, le plus souvent dans les lieux qu'on a reconnus depuis les moins convenables, dirigées par des hommes qui n'avaient aucune habitude d'une exploitation rurale à laquelle une fabrique de sucre de betterave doit être nécessairement liée : l'imperfection des premiers appareils qu'on employa, l'ignorance même, ou tout au moins le défaut de pratique des diverses opérations auxquelles devaient être soumises les betteraves, furent autant de causes qui concoururent à la ruine de ces établissemens. De là naquit une opinion presque universelle, que l'extraction du sucre de betterave pouvait être vraie en théorie, mais tout-à-fait impraticable en grand, et qu'une exploitation de ce genre entraînerait nécessairement la ruine de tous ceux qui l'entreprendraient.

Les hommes éclairés ne partagèrent point cette manière de voir, et ne doutèrent plus, dès cet instant, de la réussite de cette industrie, lorsque l'expérience aurait fait connaître la marche la plus convenable à suivre. Les événemens politiques devaient hâter l'époque du développement de cette branche d'industrie, le système continental, équivalant à une véritable prohibition des denrées coloniales, reporta l'attention sur les moyens de se procurer le sucre des plantes indigènes ; le gouvernement fit, à cette époque, tous ses efforts pour que les recherches auxquelles on se livrait fussent fructueuses. Des encouragemens furent promis, des instructions envoyées dans tous les départemens, des récompenses furent accordées (1); un décret du 15 janvier 1812 établit cinq écoles de chimie, pour la fabrication du sucre de betterave, dans les villes de Paris, Wachenheim, département du Mont-Tonnerre, Douai, Strasbourg et Castelnaudary; par ce même décret, on ordonnait la création de quatre fabriques impériales, disposées de manière à fabriquer, avec le produit de la récolte de 1812 à 1813, deux millions de kilogrammes de sucre brut.

Tel était l'état des choses lors des événemens de 1814, qui anéantirent en France toutes les fabriques de sucre qui venaient de s'établir, et qui commençaient à prospérer; ce fut alors que la conviction dans laquelle étaient un grand nombre de personnes de l'inutilité des recherches tentées pour extraire le sucre des plantes indigènes, fut encore accrue par l'impossibilité apparente que cette

---

(1) Décret rendu le 18 Juin 1810, sur le rapport de M. de Montalivet, Ministre de l'intérieur, par lequel il est accordé une somme de 100,000 francs à M. Proust, qui fut en outre nommé membre de la Légion d'honneur, et une autre somme de 40,000 fr. à M. Fouques, en forme de gratification, et à titre d'encouragement pour la découverte qu'ils ont faite du sucre de raisin, à charge par eux d'employer ces deux sommes à établir des fabriques de sucre de raisin dans les départemens méridionaux.

fabrication pût désormais soutenir la concurrence avec les sucres des colonies. Au lieu de la reconnaissance que méritaient les hommes industrieux qui avaient cherché à diminuer les privations qu'on avait dû s'imposer, à doter, comme le dit fort bien M. Chaptal, l'agriculture de plus de 80 millions par an, on chercha à les tourner en ridicule, et il fut, pour ainsi dire, convenu qu'on ne rappellerait pas le souvenir du sucre de betterave, sans l'accompagner d'un sourire ironique, que l'on croyait bien méchant.

Quelques hommes, habitués à ne pas se laisser entraîner par des opinions irréfléchies, ne désespérèrent pas de faire revenir de la défaveur que les vicissitudes auxquelles cette industrie avait été soumise avaient jettée sur elle : doués d'une volonté forte, d'une persévérance à toute épreuve, animés du désir d'être utiles, ils ne furent rebutés ni par les difficultés qu'ils eurent à surmonter, ni par les sacrifices qu'ils dûrent souvent faire ; mais enfin, grâces aux connaissances qu'une longue pratique leur a acquises, aux améliorations apportées aux procédés et aux appareils, ils ont la gloire d'avoir créé en France, en Europe, une branche d'industrie toute nouvelle, de l'avoir établie sur des bases qui assurent à jamais son existence, puisqu'elle peut lutter de pair avec les produits de l'Inde et des colonies. Au nombre des savans et des hommes industrieux à qui la France est plus particulièrement redevable des avantages qu'elle peut retirer de cette industrie, on doit compter au premier rang M. le comte Chaptal, qui a fabriqué, pendant plusieurs années, du sucre de betteraves dans sa propriété de Chanteloup, en Touraine, et qui publia, dans sa *Chimie appliquée à l'Agriculture*, un excellent mémoire sur cette fabrication; M. Mathieu de Dombasle, agronome distingué, si connu par ses nombreuses applications des sciences physiques et chimiques à l'agriculture, les perfectionnemens apportés dans la construction des machines aratoires et autres instrumens agricoles, l'établissement de la ferme modèle expérimentale de Roville, qui joignit le précepte à l'exemple, en publiant son ouvrage intitulé: *Faits et observations sur la fabrication du sucre de betteraves*, qui a eu deux éditions; et M. Crespel-Delisse, d'Arras, qui, par son exemple et ses conseils, a contribué à l'érection de plusieurs fabriques, tant à Arras que dans les environs, et dont la Société d'encouragement de Paris vient de récompenser le zèle et le succès, en lui décernant une médaille d'or, à titre de récompense, pour les services qu'il a rendus à la fabrication du sucre de betteraves.

Aujourd'hui, de nombreuses fabriques existent sur divers points du territoire français; elles versent annuellement dans la consommation des masses de sucre; toutes sont dans l'état le plus prospère, et plus de doute à présent sur les avantages de cette exploitation, quand elle sera dirigée par des hommes instruits et intelligens.

Nous croyons utile, pour convaincre les plus incrédules, de reproduire ici la liste de quelques-unes de ces fabriques, telle que l'a donnée M. Dubrunfaut, dans une lettre qu'il a écrite au rédacteur du *Journal du Commerce*, dans lequel elle a été insérée le 11 septembre 1825.

MM.

Le duc de Raguse, à Châtillon-sur-Seine.
Le général Préval, au château de Beauregard, près Blois.
Le comte de Danremont, à Chaumont.
Le comte de Moncabrié, au Port-Marly.
De Chabrol.
Bernard, à Sussy, près Charenton.
Oudard, près Douai, (Nord).
Caflêr, près Douai, (Nord).
Béthune, près Bouchain, (Nord).
Grenet-Pelé, à Toury, près Orléans.

Masson, à Pont-à-Mousson, (Meurthe).
André, *Ibidem.*
Frémicourt-Carraut, à Crevecœur, près Cambray, (Nord).
Villecholle, à Voyenne, près Ham, (Aisne).
Crespel-Delisse, à Arras, (Pas-de-Calais).
Crespel-Delisse et Thierry, à Neuville, près Arras.
Crespel-Delisse, à Genlis, près Saint-Quentin.
Dufour, à Blangy, près Arras.
Raffenau et Wattelet, à Loues, près Arras.
Clémandot et Guilbert, à Reaumé, près Arras.
Dellisle, à Béthune, (Pas-de-Calais).
Pronier, *Ibidem.*
Delvigne, à Dury.
Aygaling, à Roclincourt, près Arras.
Fernet, à Péronne.
De Serilly, à Theil, près Sens.

Nous devons ajouter M. Godin, à S.t-Mars, près Etampes, qui envoya, en 1822, à la *Société d'Encouragement*, un pain de sucre de betterave raffiné, de la plus grande beauté.

Culture de la Betterave.

Ce n'est pas à l'abbé de Commerell que l'on est redevable en France, ainsi que l'ont cru quelques personnes, et comme l'a écrit tout récemment M. Dubrunfaut, de l'importation de la betterave, puisque Olivier de Serres en fait mention, mais seulement de l'introduction d'une variété et de la connaissance des avantages de cette culture en grand. Ce qui a pu induire en erreur, c'est que, jusqu'à la publication du mémoire de M. de Commerell; en 1784, on n'avait pas cru cette plante susceptible de remplacer les fourrages pour la nourriture des bestiaux, et que sa culture était peu répandue.

M. de Commerell donna, à la variété qu'il fit connaître, le nom de *racine de disette*, qui n'est que la traduction d'un des noms qu'elle portait en Allemagne, (*mangel würzel*), d'où il l'avait apportée : les botanistes substituèrent à ce nom, d'abord celui de *betterave champêtre*, et plus tard celui de *betterave commune* (*beta vulgaris*. Lin.)

Dans le mémoire de M. de Commerell, (1)

---

(1) *Mémoire et instruction sur la culture, l'usage et les avantages de la racine de disette, nouvelle édition.* Paris 1788.

on trouve les préceptes les plus détaillés sur la *racine de disette* ; il fait ressortir l'utilité dont elle peut être comme substance alimentaire, tant pour les hommes que pour les bestiaux ; la plupart des écrivains qui ont traité de la betterave n'ont guère fait que reproduire le travail de M. de Commerell, sans citer la source à laquelle ils avaient puisé, en sorte qu'il n'a pas dépendu d'eux d'enlever à ce citoyen estimable la seule gloire qu'il ambitionnait, celle d'avoir été utile à sa patrie.

La betterave est une plante du genre bette de la famille des atriplicées, espèce de plantes bisannuelles, hautes d'un à quatre pieds, rameuses et à tiges sillonnées ; elles ont les feuilles simples et alternes, les fleurs sans corolle, peu apparentes, ramassées en petits pelotons et formant, vers les sommités de la tige et des rameaux, de longs épis feuillés ; son caractère générique est d'avoir un calice à cinq folioles, qui porte cinq étamines, et un ovaire muni de deux styles et deux stygmates, à demi enfoncés dans la substance du calice, et devenant une graine réniforme, à laquelle le calice tient lieu de capsule.

Le nombre des variétés connues s'élève à plus de vingt : nous trouvons, dans le troisième volume du *Dictionnaire technologique*, au mot *Betterave*, une liste des variétés et sous-variétés connues ou cultivées en France ;

cette note a été dressée par M. Payen, rédacteur de l'article cité, sur les documens qui lui ont été fournis par M. Vilmorin-Andrieux; nous la reproduisons ici.

« *Première variété.* Disette (*beta silvestris*), betterave champêtre ou commune, blanche intérieurement et extérieurement, pétioles blancs ;

» *Sous-variété.* Rose extérieurement, et présentant, à l'intérieur, (si on la coupe perpendiculairement à son axe), des cercles concentriques roses et blancs.

» *Deuxième variété.* Betterave blanche, de Silésie (*beta alba*), arrondie, piriforme, pétioles blancs, chair blanche et d'une contexture ferme. C'est la variété qui a été recommandée, par Achard, comme la meilleure et la plus productive.

» *Sous-variété.* Pétioles veinés de rose, à cercles concentriques, roses et blancs dans l'intérieur de la racine.

» *Troisième variété.* Betterave blanche, longue et fusiforme, à chair blanche ; elle ressemble aux racines de chicorée par sa longueur et sa forme ; c'est elle qui est connue, dans quelques-uns de nos départemens, sous le nom de *corne de bœuf* ; on ne la cultive pas, parce qu'elle exige une terre trop profonde ; il paraît, d'ailleurs, qu'elle rend peu de sucre.

Quatrième variété. Betterave rouge (*rubra romana*), oblongue, bien conformée, pétioles des feuilles rouges : on ne la cultive plus guère que pour la table, ainsi que ses sous-variétés.

Première sous-variété. Jaune, pétioles des feuilles jaunes.

Deuxième sous-variété. Petite, rouge, fusiforme, pétioles et chair rouges, très-foncés et mêlés de jaune.

Troisième sous-variété. Petite, rouge, ronde comme le navet (*toupie*), précoce (de douze ou quinze jours); se cultive dans les jardins; on la fait cuire pour la manger en salade.

Cinquième variété. Betterave jaune (*lutea major*), piriforme, allongée, d'une moyenne grosseur, chair jaune, pétioles des feuilles jaune verdâtre.

Première sous-variété. Rouge, à pétioles rouges; elle est toujours mêlée à la précédente, quoique la graine semée ne provienne que de jaune; sur quatre graines de cellules agglomérées en un seul et même grain, il en vient quelquefois trois jaunes et une rouge.

Deuxième sous-variété. Petite, jaune, fusiforme, semblable à la carotte, à pétioles jaunes; elle n'est pas cultivée.

Troisième sous-variété. Jaune extérieurement et blanche intérieurement, piriforme; arrondie, pétioles blancs.

M. Dubrunfaut ajoute à cette énumération une sous-variété de la deuxième variété; elle est rose, piriforme, à chair blanche, quelquefois un peu rosée, avec pétioles blancs.

Cette plante peut être considérée sous quatre rapports différens d'utilité :

1.° Comme substance alimentaire pour l'homme ;

2.° Comme propre à remplacer les fourrages pour la nourriture des bestiaux ;

3.° Relativement au sucre qu'elle contient;

4.° A la potasse qu'on peut en obtenir, par l'incinération de ses feuilles et de ses tiges.

Dans le but que nous nous sommes proposé, nous n'avons à l'examiner que par rapport au sucre qu'elle fournit ; ce ne sera qu'accessoirement que nous traiterons de son importance pour la nourriture du bétail : cette question, purement d'économie rurale, se trouvant liée cependant à la fabrication du sucre de betterave.

Etudiée sous ce point de vue, la première question qui se présente relativement à la betterave est de savoir si toutes les variétés fournissent une égale quantité de sucre, ou s'il en est que l'on doive préférer ?

Dans les premiers temps où l'on a cultivé les betteraves pour l'extraction du sucre qu'elles contiennent, on attachait beaucoup d'importance à la variété ; chacun prônait celle qui lui avait donné les produits les plus avantageux. Aujourd'hui, qu'il est reconnu que la variété ne se reproduit pas constamment, et que la quantité de sucre dépend principalement du sol, des circonstances atmosphériques, et de la culture, on sème assez indifféremment toutes les variétés. Cependant, on s'accorde généralement à donner la préférence à la deuxième variété : *Betterave blanche de Silésie* (*Beta alba*). Le célèbre agronome, M. Mathieu de Dombasle, assure que c'est celle qui lui a le mieux réussi. Vient ensuite la cinquième, dite *jaune de Castelnaudary* (*Lutea major*); mais différentes circonstances peuvent influer assez sur les produits que l'on peut obtenir, que telle variété soit la plus avantageuse dans un département, et la plus pauvre dans un autre. C'est surtout la connaissance parfaite de ces influences locales qui peut assurer la réussite d'une exploitation de sucre de betterave ; et cette connaissance ne peut s'acquérir que par la pratique et des essais multipliés. Cependant l'expérience a montré que les betteraves les plus petites fournissent, généralement parlant, une quantité de sucre plus grande, à poids égal, que les plus grosses. Aussi, le jus des grosses racines ne marque guères que 5 à 6° à l'aréomètre, tandis que celui des petites peut aller à 8 et même à 10°. Le travail des petites racines présente aussi moins de difficultés ; il est plus économique, puisque, le jus étant plus riche, on a moins d'eau à évaporer. Ces avantages peuvent, il est vrai, se trouver balancés par la médiocrité de la récolte ; c'est encore un sujet de recherches pour le fabricant de sucre, sujet qu'on ne peut que lui indiquer, dans l'impossibilité de fixer des règles générales qui puissent le diriger (1).

Les caractères physiques qui peuvent servir à faire reconnaître une betterave d'une bonne qualité, est d'être ferme, cassante, de crier sous le couteau, et parfaitement saine ; la saveur, plus ou moins sucrée, peut également faire reconnaître la richesse d'une betterave.

La couleur ne paraît pas influer sur la qualité et la quantité des produits ; cependant, suivant M. Chaptal, le sucre obtenu des betteraves rouges conserve une teinte qui le rend plus difficile à blanchir.

---

(1) Les plus grosses betteraves pèsent quelquefois jusqu'à 20 livres.

Considérations sur la nature du sol et le climat qui conviennent à la Betterave.

Le sol, son exposition, sa nature, le climat à l'influence duquel il est soumis, telles sont les premières considérations sur lesquelles doit se porter l'attention d'un agriculteur, pour toutes les cultures en général, et qui ne peuvent pas être négligées lorsqu'il s'agit de celle de la betterave en particulier.

Comme plante à racines pivotantes, la betterave exige une terre meuble, ayant de la profondeur ; ainsi, on doit choisir de préférence un sol arable, les terrains d'alluvion gras et sablonneux, ou qui peuvent être inondés naturellement chaque année et recouverts ainsi d'une couche de limon qui dispensera d'un engrais artificiel ; les terres provenant des prairies naturelles ou artificielles, après y avoir cependant intercalé une récolte de céréales, afin de donner aux gazons et aux racines qui empêcheraient les betteraves de se développer, le temps de se décomposer, sont également très-propres à cette culture. Des terres ainsi préparées, peuvent fournir deux belles récoltes consécutives de betteraves.

Le produit des terrains élevés, dans les

années sèches, est peu considérable, les racines ne pouvant pas acquérir tout le développement dont elles sont susceptibles, fournissent, il est vrai, beaucoup de sucre, relativement à leur grosseur, mais peu, si l'on considère la surface du terrain qu'elles occupaient et la quantité de sucre qu'elles auraient donnée si elles fussent parvenues seulement à une grosseur moyenne; le contraire arrive dans les années pluvieuses. Il en est tout autrement dans les terrains bas. Le volume des betteraves est très-grand dans les années pluvieuses, mais le suc qui en provient est très-aqueux, et la quantité de sucre qu'on peut en retirer est fort petite. Il est donc nécessaire, pour pouvoir établir un rapport à-peu-près constant entre le volume des betteraves et le sucre qu'elles seront dans le cas de fournir, de cultiver cette plante dans des terrains qui ne soient ni trop secs, ni trop humides.

On peut déjà tirer cette conséquence de ce qui précède, que ce ne sont pas toujours les betteraves les plus grosses qui présentent le plus d'avantages pour l'extraction du sucre.

Les betteraves donnant d'autant plus de sucre que l'année a été plus chaude, il était naturel de croire qu'il serait beaucoup plus avantageux de les cultiver, pour cet objet, dans les pays méridionaux, mais l'expérience paraît avoir prouvé le contraire. En effet, quoique les betteraves cultivées dans le midi de la France aient une saveur plus sucrée que celles des environs de Paris ; cependant elles ne fournissent qu'en proportion moindre le sucre cristallisable ; et même, peu de jours après leur maturité, il est transformé en sucre incristallisable. La réaction de ces principes sur eux-mêmes s'effectue avec d'autant plus de rapidité qu'elles sont exposées à une plus haute température. Le 45.e degré paraît être la limite où il faut cesser de les cultiver, sous le rapport de la production du sucre.

On aurait pu soupçonner ces différens faits du moment où l'on répéta en France les expériences de M. Achard : quelque soin que l'on y apportât, quelle que fût la variété dont on se servit, on ne put parvenir à obtenir d'un même poids de betteraves une quantité de sucre égale à celle que ce chimiste disait retirer de la betterave blanche de Silésie. Les produits que retirent aujourd'hui de la betterave les fabriques des départemens du nord, avec des procédés d'extraction et des appareils perfectionnés, ont approché davantage, mais sans cependant atteindre les résultats annoncés par le chimiste prussien.

Nonobstant tous ces faits, l'induction qu'en a voulu tirer le savant auteur de l'article BETTERAVE du *Nouveau Dictionnaire d'his-*

toire naturelle, de l'impossibilité où serait une manufacture de ce genre de prospérer dans le midi de la France, et de leur attribuer la ruine de toutes celles qui s'y étaient établies, ne nous paraît pas rigoureusement exacte. Aux causes que nous avons signalées dans le chapitre précédent, comme ayant exercé une influence nuisible sur cette industrie naissante, peut-être faut-il en ajouter une qui se fait sentir d'une manière plus désastreuse dans nos départemens méridionaux : nous voulons parler du système si déplorable des jachères.

La même variété, avons-nous dit, ne se reproduit pas constamment; il paraît que, dans l'acte de la végétation, il s'effectue des altérations de variétés. C'est aux altérations des pétioles et des collets que l'on reconnaît ces changemens. Dans un champ semé avec la seule graine de betterave jaune, il s'en trouve toujours quelques pieds de rouges et de blanches. La graine de betterave se sème en planche, ou on la sème en plants pour la repiquer ; nous décrirons la manière dont se font ces opérations lorsque nous traiterons de l'ensemencement.

Quelques maladies sont dans le cas de se développer sur la betterave pendant le cours de sa végétation ; elles sont en général peu importantes, si ce n'est le rachitisme qui se reconnaît à la petitesse et à la contorsion des feuilles, à la décoloration des racines et à l'absence complète de saveur de leur chair. Les pieds qui en sont attaqués doivent être arrachés. Les insectes ne paraissent pas leur causer de dommage sensible.

De la préparation du sol.

On a reconnu, depuis long-temps, qu'une terre ne peut recevoir plusieurs années de suite une même plante, sans que la force de végétation de celle-ci n'aille graduellement en s'affaiblissant chaque année : de là la croyance que la terre était épuisée, et par suite le système absurde des jachères. Des connaissances mieux raisonnées, auxquelles l'expérience est venue joindre son appui, ont fait voir que cet épuisement de la terre n'était que relatif à la plante qui y avait été cultivée, que même il n'était que temporaire ; en sorte qu'en alternant, dans une même terre, la culture de différentes plantes, on pouvait, au bout d'un certain temps, y cultiver de nouveau et avec le même avantage celle qui, semée sans culture intermédiaire, n'aurait offert que les caractères d'une végétation chétive. C'est là ce qu'on appelle *le système des assolemens*, qui n'est qu'un retour périodique de culture de 3, 4 ou 5 ans, quelquefois même davantage.

La culture de la betterave doit nécessairement faire partie de la rotation d'un système d'assolement. C'est peut-être à cette nécessité trop souvent négligée qu'on doit attribuer la ruine de différentes fabriques. La betterave exigeant un terrain bien ameubli, la préparation du sol dépendra de la récolte qui aura précédé. Ainsi, lorsqu'on semera la betterave après une céréale, il faut donner deux et même trois labours profonds, les deux premiers en hiver, le troisième au moment de l'ensemencement.

M. Dubrunfaut, qui donne plusieurs exemples d'assolement, en propose un de trois ans dans lequel il fait précéder la culture de la betterave par une récolte de pommes de terre; cette dernière plante, divisant beaucoup le terrain, peut économiser un labour.

L'assolement qui est le plus convenable pour la culture de la betterave, selon M. Mathieu de Dombasle, est celui de quatre ans, comme il suit : Blé, betterave, orge ou avoine, avec trèfle.

L'observation faite depuis long-temps, que les betteraves fumées devenaient plus grosses que celles qui étaient venues sans engrais; tandis que, sous un même volume, elles contenaient moins de sucre, avait conduit quelques personnes à croire que les engrais diminuaient la quantité de sucre qui était remplacé par du nitrate de potasse, que l'on rencontre effectivement quelquefois dans la betterave, surtout lorsque le terrain dans lequel elle a poussé se trouve mélangé de platras. Mais cette croyance était évidemment erronée; et il n'y a plus de doute à cet égard, aujourd'hui, que l'on a reconnu que ce ne sont pas toujours les plus grosses betteraves qui fournissent le plus de sucre.

Il n'est pas nécessaire de faire remarquer que les engrais n'agissant pas tous de la même manière, ils doivent varier suivant la nature du sol sur lequel on veut les répandre. L'état de décomposition dans lequel se trouvent les engrais que l'on emploie, la propriété dont ils jouiront de se putréfier dans un espace de temps plus ou moins long, doit aussi influer sur l'époque à laquelle on les enfouira.

Parmi les engrais, ceux qui tiennent le premier rang, sont les fumiers de litière et de basse-cour; on a soin de les employer peu consumés. On les porte sur la terre avant l'hiver, et on les distribue à sa surface entre deux labours. Ces engrais, qui sont ordinairement pailleux, soulèvent la terre, la divisent, la rendent plus perméable aux racines, et ont en outre l'avantage d'agir, par suite de leur décomposition lente, pendant plusieurs années.

On utilise avec avantage, pour fumer les

terres froides et paresseuses, les résidus que l'on obtient dans la fabrication du sucre, tels que le charbon animal, les écumes. Le parçage des moutons, sur les terres de cette nature, est aussi un engrais très-énergique.

Lors de la récolte des betteraves, on coupe sur place les collets, ainsi que nous le dirons en parlant de la manière de récolter; les feuilles, ainsi séparées, présentent une masse considérable; on est dans l'habitude de les laisser sur le sol comme engrais, et on les considère généralement comme remplaçant une bonne demi-fumure. Il en est de même des déchets de la fabrique, tels que les radicules, les débris des collets, les épluchures que les nettoyeuses enlèvent aux betteraves en les préparant pour la râpe.

En Flandre, on fait usage d'un engrais particulier, connu sous le nom d'*engrais flamand*, qui n'est qu'un mélange d'excrémens solides et liquides. Ces sortes d'engrais, qui se trouvent dans un état de décomposition complète, ne doivent être mis sur les terres qu'à l'époque de l'ensemencement, quelquefois même un peu plus tard. Ils activent d'une manière remarquable la végétation de la betterave, tout en retardant cependant sa maturation. La couleur verte des feuilles est plus foncée; celles-ci sont plus abondantes et plus larges;

elles se dessèchent et tombent beaucoup plus tard. Les racines elles-mêmes deviennent plus grosses, mais sont toujours plus aqueuses.

L'expérience a prouvé qu'en France, le produit maximum d'un bon terrain peut aller jusqu'à 50,000 kilogrammes par hectare; dans un mauvais terrain, ce produit peut n'être que de 5 à 10,000 kilogrammes. Le produit moyen, suivant un tableau donné par M. Dubrunfaut, d'après le relevé des produits obtenus dans dix exploitations différentes, serait de près de 24,000 kilogram.

De l'Ensemencement.

Le choix de la graine, dit M. Chaptal, demandant beaucoup de précautions, un bon cultivateur doit la récolter lui-même. On choisit, de préférence, pour *portes-graines* ou *semenceaux*, les plantes les plus vigoureuses et les plus saines; on les repique à deux ou trois pieds de distance les unes des autres, à une bonne exposition, et à l'abri des vents qui pourraient rompre leurs tiges. Au mois de septembre, lorsque la graine est mûre, on coupe les tiges, et, lorsqu'elles sont desséchées, on en détache la graine avec un bâton ou à la main. On étend cette semence sur des toiles au grand air pour achever cette dessication, sans quoi, elle courrait risque de s'échauffer. On sépare, par le vannage, les débris des tiges avec lesquels elle est mêlée, et on la conserve en la garantissant de l'humidité.

Chaque plante fournit de cinq à dix onces de graines; mais il n'y en a guère que la moitié qui soit bonne, celle des extrémités des tiges étant rarement parvenue à maturité. On ne conserve que la meilleure, la mauvaise graine ne donnant que des plantes rabougries, et ne levant même le plus ordinairement qu'en partie.

Les plantes qui ont fourni la graine contiennent encore du sucre en assez grande quantité, pour qu'on doive les traiter comme les autres.

L'ensemencement doit se faire aux premiers beaux jours du printemps, lorsqu'on n'a plus à redouter les gelées; ce qui, dans nos climats, arrive communément à la fin de mars, ou au commencement d'avril. Ce n'est pas qu'on ne puisse semer plus tard: ainsi il arrive quelquefois que la graine n'est mise en terre que dans le mois de mai, ou même dans les premiers jours de celui de juin; mais cela n'a guère lieu que lorsque le premier ensemencement a manqué, et que le cultivateur se décide à courir les chances d'une seconde semence. Semées trop tôt, lorsque la terre est encore froide et humide, les graines pourrissent facilement; trop tard, au contraire, elles ont à craindre la sécheresse ; alors les folioles des betteraves qui se sont développées ne peuvent pas percer la croûte qui se forme à la surface du sol. L'époque que nous avons indiquée est à-peu-près à l'abri de ces deux inconvéniens : en effet, la terre conserve encore assez d'humidité, et l'action des rayons solaires devenant chaque jour plus vive, la graine se trouve dans les circonstances les plus favorables à sa germination. L'ensemencement fait trop tôt présente en outre l'inconvénient de donner lieu à la production d'une foule de plantes parasites qui nuisent au développement de la betterave, exigent de nombreux sarclages, et augmentent ainsi les frais de culture. S'il survenait une gelée après que la plante a poussé, il serait indispensable de semer de nouveau, le germe étant détruit par une température inférieure à zéro. Il en serait de même si, par suite de pluies trop abondantes, la graine venait à pourrir. Ces accidens, qui se reproduisent fréquemment, sont cause qu'on doit compter pour chaque culture la moitié en sus de la graine strictement nécessaire.

M. Chaptal fixe à cinq ou six kilogrammes la quantité de graines dont on a besoin par hectare, ce qui ferait, en l'évaluant comme nous l'avons fait, la moitié en sus, 7 et demi à neuf kilogrammes. M. Dubrunfaut porte à quinze kilogrammes cette quantité pour un même espace de terrain ; l'un et l'autre par la méthode d'ensemencement à la volée. La différence qui existe entre ces deux quantités est trop grande pour qu'il n'y ait une erreur dans l'énoncé de l'une d'elles. Il y a trois méthodes de semer la betterave ; savoir : à la volée, en pépinières, en rayons.

Le mode d'ensemencement à la volée est le plus connu et le plus généralement pratiqué ; c'est le même qui est usité pour l'ensemencement des céréales. Le sol ayant été convenablement préparé et uni par le rouleau, un ouvrier, portant devant lui un tablier plein de graines, marche dans le sens de la longueur de la pièce à ensemencer, en projetant devant lui la graine par poignées, de façon à l'étendre le plus uniformément possible. On concevra facilement combien cette méthode est imparfaite, aussi est-ce celle qui exige la plus grande quantité de graines.

La graine, ainsi répandue, se trouve répartie à des distances très-inégales ; de là, la nécessité d'arracher dans de certains endroits où les plants sont trop rapprochés, et de replanter dans ceux où ils sont trop écartés. C'est ce qu'on appelle *éclaircir* et *repiquer*. Ces deux opérations se font simultanément un mois et demi environ après que la graine a levé. Des ouvriers, ce sont pour l'ordinaire des femmes et des enfans qu'on emploie à ce travail, arrachent d'une main les plantes surabondantes; l'autre main est armée d'un plantoir avec lequel ils font un trou lorsqu'ils trouvent un espace vide, et dans lequel ils introduisent une des plantes qu'ils viennent d'arracher. On doit avoir soin, en arrachant, de ne pas rompre la racine; il faut encore prendre garde de ne pas en ployer l'extrémité en la repiquant. La distance que l'on conserve entre les plantes varie suivant la grosseur que l'on veut qu'elles atteignent, et par conséquent, suivant la richesse du terrain; communément on les place à quinze ou dix-huit pouces les unes des autres.

L'opération du repiquage a l'inconvénient de retarder la végétation de la racine replantée, qui n'a jamais la même vigueur que celles qui n'ont pas été arrachées. M. Mathieu de Dombasle ne pense pas cependant que les betteraves repiquées soient moins riches en sucre que celles qui ne l'ont pas été; et, après des expériences comparatives faites avec beaucoup d'attention, il a adopté presqu'exclusivement la méthode des repiquages.

La méthode d'ensemencement par pépinière consiste à semer d'abord toute la graine dans le septième ou le dixième du terrain que doivent occuper par suite les betteraves ; ce terrain doit avoir été bien préparé et fumé. Un mois et demi environ après que les betteraves ont levé, on les arrache et on les repique dans le champ destiné à les recevoir. A cet effet, un homme armé d'un plantoir, perce des trous, dans chacun desquels des femmes déposent un plant, qu'elles rechaussent avec le pied. Avant de repiquer les plants, il est nécessaire d'en couper les feuilles à environ trois pouces du collet : les plants qui n'ont pas subi cette opération périssent beaucoup plutôt que les autres par l'effet de la sécheresse.

Les inconvéniens de cette méthode sont d'augmenter beaucoup la main-d'œuvre, d'être nécessaire au moment où la plante a le plus besoin de toute sa force de végétation, de casser la majeure partie des extrémités des racines, ce qui les empêche de pivoter et les rend fourchues ; elles se recouvrent alors de radicules, qui accroissent les difficultés du nettoyage.

Aux deux méthodes précédentes d'ensemencement on a substitué, dans presque toutes les grandes exploitations, celle de l'ensemencement par rayon, qui s'effectue en traçant avec une herse, dont les dents sont à la distance convenable, des rayons d'un pouce à-peu-près de profondeur, dans lesquels des femmes qui suivent la herse, déposent la graine à des intervalles de seize pouces; on fait passer ensuite sur toute la surface du champ une herse retournée pour niveler le terrain et recouvrir la graine. Dans les exploitations les mieux entendues, on a perfectionné ce mode d'ensemencement en y faisant servir le semoir mécanique.

Cet instrument, auquel on a donné différentes dispositions plus ou moins compliquées, se compose essentiellement d'une espèce de coffre en forme de trémie, dans lequel on place la graine à semer : le fond de ce coffre est formé par un cylindre en bois dont la surface présente des cavités dans lesquelles se logent des graines; le tout est porté sur deux roues. En faisant marcher cette machine, le mouvement des roues se transmet, au moyen d'un engrenage, au cylindre qui, dans son mouvement de révolution, emporte hors du coffre de la graine dans ses cavités, et la verse uniformément dans des sillons tracés par des socs placés sur le devant de la machine. On concevra facilement que la distance à laquelle la graine tombera sur le terrain pourra être réglée par celle qu'on aura laissée entre les cavités du cylindre (1).

(1) Pour de plus grands détails sur les différens semoirs mécaniques, voyez l'ouvrage de M. Thaer sur

En Angleterre, on a adopté un procédé qui doit avoir de grands succès, dit M. Chaptal. On ouvre un profond sillon, et on dépose le fumier dans le fond; on en trace un second parallèle qui recouvre le premier; on sème les graines dans la longueur des sillons, de manière qu'elles soient constamment placées perpendiculairement au fumier qui entretient sa fraîcheur, et lui fournit ses engrais.

Il est également nécessaire, lorsqu'on sème en rayons, d'éclaircir les plantes dans les parties où elles seraient trop rapprochées, et de repiquer au contraire dans les espaces vides. Ce travail, du reste, s'exécute avec une grande facilité, à cause de la régularité des lignes.

Sarclages.

Les soins qu'exige la betterave pendant sa végétation sont assez nombreux; il se développe, en même temps qu'elle, une foule de plantes qui arrêtent son accroissement, et finiraient par l'étouffer, si on n'avait pas le soin de les arracher. Tel est le but qu'on se

---

les instrumens d'agriculture perfectionnés, traduit de l'allemand par M. Mathieu de Dombasle; et la collection des instrumens d'agriculture perfectionnés, de M. Leblanc.

propose dans le sarclage. Dans la culture de la betterave, les sarclages doivent se répéter jusqu'à trois fois : c'est lors du repiquage que se fait le premier; le second et le troisième s'exécutent à un mois d'intervalle environ. Lorsque les betteraves ont été semées à la volée, les sarclages se font à la main, ou du moins à la pioche. Un ouvrier déracine avec une pioche toutes les herbes, qui sont ensuite enlevées et mises en tas pour être converties en fumier.

Les semis en rayons donnent la facilité d'exécuter le premier et même le second sarclage avec la houe à cheval, ce qui va beaucoup plus vite ; il est vrai qu'alors des ouvriers doivent repasser pour travailler le pied des racines, et arracher les herbes que n'a pu atteindre l'instrument.

Outre les avantages que présentent les sarclages, en débarrassant le terrain des plantes qui s'opposent à la végétation de la betterave, ils présentent encore celui de retourner la terre et de l'aérer ; aussi voit-on, après chaque sarclage, la plante reprendre une vigueur nouvelle. Le produit d'un champ dont les sarclages ont été bien faits, est au moins le double de celui dont les sarclages auraient été négligés.

Quelques cultivateurs ont proposé de buter la betterave ; cette méthode est plus nuisible qu'utile ; les racines profitent mieux lorsque leur partie supérieure jouit de l'action directe de l'air et des rayons du soleil. Aussi, en Allemagne, les plante-t-on souvent mêlées avec des espèces de choux qu'il faut buter : la terre qu'on retire des betteraves est portée au pied des choux.

Il faut bien se garder d'effeuiller, pendant le cours de leur végétation, les betteraves destinées à la fabrication du sucre. C'est une erreur de croire que, par l'effeuillement, la racine acquiert plus de grosseur : il n'est pas douteux que la plante ne peut remplacer les feuilles dont on l'a dépouillée qu'au détriment des substances qui auraient servi à augmenter son volume, et, parmi ces substances, c'est la matière sucrée qui est le plus complètement élaborée.

De la récolte.

Aux approches de la maturation, les feuilles de la betterave qui avaient été jusques-là fermes, droites et d'une belle teinte verte, se couvrent de taches rougeâtres, s'abaissent sur le sol et jaunissent. Ces phénomènes qui se produisent vers le mois d'octobre annoncent que les betteraves sont parvenues à toute leur croissance, et qu'elles n'ont plus rien à acquérir. Il faut donc procéder à l'arrachement; on choisit pour cela un beau temps, après quelques jours sans pluie, car on a remarqué que la quantité de sucre que fournissent les betteraves varie beaucoup avec les circonstances atmosphériques; ainsi, le suc de betteraves arrachées après quelques jours de pluie est toujours plus aqueux que celui de betteraves récoltées par un temps sec. Il ne faudrait pas cependant laisser séjourner la betterave trop long-temps après l'époque de sa maturation; car, à partir de ce moment, le principe sucré par une nouvelle élaboration des sucs va journellement en diminuant et finit par disparaître en totalité. M. Chaptal en rapporte un exemple trop remarquable, pour que nous ne le reproduisions pas.

M. Darracq, de concert avec M. le comte d'Angosse, préfet du département des Landes, avait tout préparé pour établir une sucrerie. Dès le mois de juillet, jusqu'à la fin d'août, il fit l'essai des betteraves tous les huit jours, et en retira constamment 2 et demi à 4 pour cent de beau sucre. Rassuré par ces résultats, il discontinua ses essais pour se livrer tout entier aux soins qu'exigeait l'établissement. Quelle ne fut pas sa surprise, lorsque, vers la fin d'octobre, les betteraves ne lui fournirent plus que du sirop et du salpêtre, et pas un atome de sucre cristallisable !

Un autre inconvénient se présente, si on les récolte avant l'époque de la maturation : elles se flétrissent, deviennent molles ; le suc qu'on en extrait est d'un travail plus difficile, et le sucre a moins de consistance. Cependant, si l'on voulait extraire le sucre immédiatement après l'arrachement des betteraves, il paraît qu'on pourrait, sans inconvénient, devancer l'époque de leur maturité ; c'est du moins ce qu'assure M. Mathieu de Dombasle, qui dit avoir retiré autant de sucre, et même, à ce qu'il lui a paru, plus, de betteraves du même terrain arrachées en juin, que de celles récoltées au mois d'octobre. Ce sont ordinairement des femmes et des enfans qui exécutent l'opération de l'arrachement. A cet effet, on les divise par couples de deux femmes, ou d'une femme et d'un enfant ; la première enlève avec une bêche la betterave et la laisse sur le sol ; l'enfant qui l'accompagne prend une racine dans chaque main, et les secoue en les battant l'une contre l'autre pour en détacher la terre qui y est adhérente, après quoi, il les range les unes à côté des autres sur une même ligne, les collets d'un même côté. Un ouvrier, armé d'une bêche tranchante, parcourt les lignes en abattant les collets ; ce qui se fait en abaissant verticalement la bêche comme pour l'implanter dans le sol. Cette opération exige, dans u vrier qui en est chargé, de l'habitude et une certaine adresse pour abattre le collet sans endommager le corps de la betterave. Dans le décolletage des racines, on á principalement pour but d'arrêter la végétation, qui, sans cette opération, se continuerait plusieurs jours au détriment de la matière sucrée.

Lorsque le temps est favorable, les betteraves arrachées et décolletées sont laissées quelques jours éparses sur le sol pour se ressuyer, c'est-à-dire, pour que l'air leur enlève une partie de l'eau qu'elles contiennent. Quand on juge que cette dessication est effectuée, les betteraves sont mises en tas et transportées sur des charrettes dans les magasins où on les conserve.

Nous avons déjà dit que les feuilles et les collets restaient sur le sol, et qu'on les considérait comme une bonne demi-fumure pour la récolte de l'année suivante, qui est ordinairement une céréale. On fait quelquefois manger sur place une partie de ces feuilles, qui sont très-abondantes, par les bœufs, les vaches, les moutons et les porcs.

On compte que soixante ouvriers, femmes et enfans, peuvent arracher, décolleter et mettre en tas les racines d'un hectare et demi de terre par jour.

Conservation des Betteraves.

La fabrication du sucre de betteraves se prolongeant pendant une partie de l'hiver, un des soins les plus importans est de pourvoir à la conservation de cette racine, en la préservant des différentes influences qui pourraient altérer sa composition et diminuer la quantité de matière sucrée qu'elle contient au moment de la récolte.

Ces causes d'altération peuvent se réduire, 1.° à l'influence qu'exerce sur tous les êtres organisés une force occulte d'après laquelle s'exécutent toutes leurs fonctions, dont l'action se continue même après que le végétal a été séparé du sol, et à laquelle on a donné le nom de *force vitale;* 2.° à la température, et à l'humidité.

Toutes les plantes conservent donc, ainsi que nous venons de le dire, un reste de vie qui continue à élaborer les matériaux dont elles sont formées. Différentes circonstances peuvent suspendre, détruire, ou favoriser cette action; une température au-dessous de zéro présente le premier de ces phénomènes, et, dans ce cas, la betterave peut se conserver indefiniment. Soumise en cet état aux opérations qui ont pour but d'en extraire le sucre, elle en fournit une quantité absolument égale à celle qu'elle aurait donnée avant d'être gelée ; seulement le travail de la râpe en devient un peu plus pénible. Mais il en est tout différemment, si l'on donne le temps au dégel de s'effectuer ; les betteraves sont alors molles, ridées, et ne tardent pas à entrer en putréfaction. Le terme moyen de la congélation des betteraves paraît être entre le troisième et le quatrième degré au-dessous de zéro du thermomètre de Réaumur. Mais ce degré peut varier suivant la quantité d'eau qu'elles contiennent, les moins aqueuses pouvant quelquefois supporter une température de un à deux degrés au-dessous de celui que nous avons indiqué.

L'action de la gelée sur les betteraves paraît être purement mécanique ; il s'opère un déchirement des cellules qui renferment l'eau dont le volume augmente en passant à l'état de glace.

Une température un peu élevée détruirait bien dans la betterave la force vitale ; mais dans une racine complètement desséchée, la proportion du sucre cristallisable qu'on pourrait en retirer serait considérablement diminuée, soit par quelqu'altération qu'une dessication trop prompte pourrait lui faire subir, soit par les difficultés qui en résulteraient dans le travail.

L'action de la force vitale est singulièrement favorisée par une température moyenne de 12 à 15 degrés, surtout si elle est accompagnée d'humidité ; c'est toujours aux dépens du principe sucré que s'effectue cette action. Des betteraves placées dans de pareilles circonstances s'altèrent très-promptement ; il s'y développe une fermentation d'abord acide, mais qui ne tarde pas à devenir putride ; leur intérieur présente alors une foule de cellules très-apparentes remplies d'un liquide visqueux et filant ; leur chair est noire, tendre, et leur surface se recouvre de moisissure.

Or, dans des betteraves réunies sous un grand volume, sans que l'air puisse se renouveler, la force vitale suffit pour développer une chaleur capable de provoquer la production de ces divers phénomènes. Il est même arrivé souvent que la fermentation marchait avec assez de violence, pour qu'il s'exhalât de la masse des vapeurs abondantes. M. Dubrunfaut rapporte, sur le témoignage de plusieurs manufacturiers, que des betteraves qui, à une époque ne donnaient pas de sucre, abandonnées à elles-mêmes pendant quelque temps, en ont fourni du fort beau plus tard. L'auteur que nous venons de citer, tout en trouvant, et nous sommes bien de son avis, ce fait très-singulier, ne paraît pas cependant le regarder comme impossible : il admettrait, alors pour l'expliquer, une élaboration des sucs de la plante qui, à la première époque, n'avait pas eu lieu, et qui se serait effectuée postérieurement.

Le premier moyen employé pour conserver les betteraves, celui qui se présentait naturellement, fut de les mettre en tas dans la cour, ou dans des enclos voisins de la fabrique, quelquefois même sur le champ où on les avait récoltées. On donnait à ces tas la forme d'un carré long, de dix à douze pieds de hauteur. Le dessus, disposé en dos d'âne, était recouvert de paille pour l'écoulement des eaux pluviales. Ce mode de conservation, très-économique d'ailleurs, a l'inconvénient de ne pas mettre les betteraves à l'abri de la gelée, dont il est surtout nécessaire de les garantir, ni même des variations de température, dont l'effet est, ainsi que nous l'avons dit, toujours plus ou moins nuisible.

Dans plusieurs établissemens, on a cherché à conserver les betteraves en les enfouissant : à cet effet, on creuse, soit sur le champ même, soit dans un terrain à proximité de la fabrique, des fosses de trois à quatre pieds de profondeur, et d'une largeur variable. Les racines sont jetées pêle-mêle dans ces fosses, on élève le milieu en dos d'âne, et on recouvre le tout d'une couche de terre d'un pied d'épaisseur au moins.

Dans le cas où le terrain serait très-humide, M. Dubrunfaut conseille de ne donner aux fosses destinées à recevoir les betteraves, qu'une profondeur de douze à quinze pouces; de faire deux fosses semblables parallèles, et de creuser entr'elles une tranchée profonde de deux à trois pieds, dans laquelle s'écouleront les eaux pluviales. La terre qu'on retirerait de cette tranchée servirait à recouvrir les tas de betteraves, qui s'éleveraient alors au-dessus du sol de deux pieds environ. C'est la méthode usitée en Allemagne pour conserver les pommes de terre. M. Mathieu de Dombasle l'a pratiquée avec avantage pour la conservation de la betterave. M. Chaptal avait recommandé de garnir de paille le fond et les parois des fosses; il est bien constaté aujourd'hui que cela est plus nuisible qu'utile, car la paille pourrit et entraîne l'altération des racines.

Dans ce mode de conservation, qui offre d'ailleurs de grands avantages, la principale difficulté contre laquelle on doive se mettre en garde est d'empêcher l'action de l'humidité, tant du sol, que de celle naturelle aux betteraves.

De tous les moyens de conserver les betteraves, le meilleur, sans contredit, parce qu'il est propre à les garantir de toute influence étrangère, est de les renfermer dans des caves, ou mieux encore, dans des magasins. On y dispose les betteraves en tas de douze à quinze pieds au plus; en leur donnant une plus grande élévation, les couches inférieures qui supportent le poids de toute la masse seraient infailliblement écrasées. On doit pratiquer un couloir dans la longueur du magasin, afin de pouvoir visiter de temps en temps la masse des betteraves, et enlever les portions dans lesquelles il se serait développé quelque décomposition.

Pour prévenir l'échauffement qui pourrait résulter de l'agglomération des racines, il est nécessaire de renouveler fréquemment l'air des magasins; on profite pour cela d'un jour où le temps est sec et beau. La conservation des betteraves en magasin réunit tous les avantages qu'on peut désirer; elle n'a que l'inconvénient d'être dispendieuse, par la grandeur des bâtimens nécessaires.

Le poids moyen d'un mètre cube de betteraves est de 800 kilogrammes; il sera facile, avec cette donnée, de calculer les dimensions d'un magasin destiné à recevoir une quantité déterminée de racines.

Extraction du Sucre de Betteraves.

Les premières manipulations auxquelles sont soumises les betteraves, ont pour objet de leur enlever la terre et les pierres qui peuvent y être restées adhérentes, ainsi que le chevelu et les parties du collet qui y sont encore attachés. Tel est l'objet du nettoyage qui se fait de la manière suivante : Une femme, armée d'un couteau bien tranchant, dont la lame a environ dix pouces de longueur, sur deux à trois de largeur, coupe les radicules, enlève les parties du collet qui ont échappé lors du décolletage, et râcle la racine sur sa longueur pour en détacher la terre. Lorsque la betterave est trop grosse pour pouvoir s'engager dans la râpe, l'ouvrière la fend sur sa longueur, et la divise en deux ou plusieurs morceaux. Deux femmes un peu habiles épluchent et nettoyent jusqu'à trois milliers de racines, lorsqu'elles sont petites, et le double quand elles sont grosses. Le déchet que produit le nettoyage dans le poids des racines est d'environ six à sept pour cent de leur poids brut.

Les fabriques qui peuvent disposer d'une grande quantité d'eau font assez ordinairement suivre d'un lavage cette première opération du nettoyage. Le lavage se fait très-économiquement dans un grand tambour cylindrique, dont la circonférence est formée de lattes de bois à des intervalles d'un pouce et demi ; ce cylindre est enfermé dans une cuve pleine d'eau ; on y met à chaque fois environ deux quintaux de betteraves, et en quelques tours de la machine, elles sont parfaitement lavées. Ce lavage n'est pas indispensable, on doit seulement, quand on ne le pratique pas, apporter plus de soin au nettoyage; car, s'il était fait negligemment, et qu'on laissât de la terre attachée aux racines, les dents des râpes seraient très-promptement endommagées. La seule utilité du lavage est de présenter aux râpes les racines à un état plus parfait de propreté.

Les racines charnues sont, à proprement parler, des masses spongieuses, dont les alvéoles ou cellules sont remplies de sucs. Le tissu spongieux qui ne fait communément que les quatre ou cinq centièmes du poids de la racine, se compose uniquement de parenchyme, ou fibre ligneuse. La compression seule, quelque forte qu'on la suppose, ne suffit pas pour rompre ce tissu et en faire sortir les matières liquides qui y sont renfermées. Pour y parvenir, il faut nécessairement le soumettre à l'action d'un instrument qui le déchire, et ouvre le plus grand nombre possible de ces cellules. Des expériences ont en effet montré que, par la pression la plus considérable, on ne peut retirer au-delà de 40 à 50 pour cent des sucs de la betterave; tandis que la pulpe obtenue par l'action d'une râpe sur cette racine, en fournit de 75 à 80 pour cent.

L'idée qui se présentait la première pour faciliter une plus grande division de la betterave, était de la cuire ; c'est aussi ce qu'avait pensé M. Achard, qui, après avoir fait cuire les betteraves à la vapeur, et les avoir réduites en pâte, essaya de les exprimer. Mais la division extrême de la pulpe, qui n'était plus à cet état qu'une bouillie claire, présenta un autre inconvénient. Il était alors impossible de séparer le jus du parenchyme, celui-ci passant à travers le tissu des sacs dans lesquels on enfermait la pâte pour la soumettre à la presse. Il a donc fallu en revenir au râpage des racines crues.

Les appareils qui, dans les fabriques de sucre de betteraves, et dans celles de fécules de pommes de terre, portent le nom de *râpes*, se composant d'une surface plane, cylindrique, ou conique, suivant la disposition particulière de l'appareil, armée d'un système de lames de scie, fixées perpendiculairement. Cette surface mobile sur un axe, reçoit d'un moteur quelconque un mouvement très-rapide de rotation, au moyen duquel elle déchire les matières qu'on soumet à son action. Dans quelques machines à cylindre, la vitesse de celui-ci est telle qu'il fait jusqu'à 800 révolutions à la minute.

On a beaucoup varié la forme de ces râpes, et la disposition des lames. Les dents de celle-ci répondent quelquefois à l'intérieur, d'autre fois à l'extérieur de la surface qui les porte. Quand cette surface est cylindrique, on lui donne nne position horizontale ; lorsqu'au contraire sa forme est conique, l'axe de ce cône est vertical.

Le but que l'on doit surtout chercher à atteindre dans une râpe est la plus grande division possible de la betterave ; car, plus cette division sera parfaite, plus on retirera de jus, et par suite de sucre, d'une quantité donnée de racines. Mais il faut aussi que cette opération s'exécute dans un espace de temps assez court, et en dépensant le moins de force. Parmi toutes les râpes qui ont été proposées jusqu'ici, celles qui paraissent réunir au plus haut degré ces différens avantages, et que nous devons plus particulièrement citer, sont celles de MM. Burette, Thierry, Molard jeune, et Odobbel.

La râpe de M. Burette, réunissant à la perfection du travail une grande simplicité et une modicité de prix qui la met à la portée des plus petites exploitations, sa valeur n'étant que de 400 fr., nous en donnerons une description succincte, que nous empruntons au rapport fait sur cette machine à la Société d'encouragement, par M. *Pajot-Descharmes*, au nom du comité des arts mécaniques.

« Un bâti solide en chêne, de forme

» oblongue, monté sur quatre pieds, main-
» tenus haut et bas par des traverses, cons-
» titue l'assemblage qui porte les diverses par-
» ties du nouveau mécanisme, presque toutes
» disposées sur la longueur des traverses su-
» périeures. Ces parties se composent d'un
» cylindre plein et en bois préparé convena-
» blement; il a 18 pouces de diamètre, sur
» 8 pouces de largeur, et armé sur sa cir-
» conférence de 80 lames de scies, de 7
» pouces de longueur. L'axe de ce cylindre
» porte à l'une de ses extrémités un pignon
» en fer garni de 16 dents, lesquelles en-
» grènent dans celles d'une roue pareillement
» en fer, de 120 dents. Une manivelle de
» 18 pouces est montée à chacune des extré-
» mités de l'axe de cette dernière roue. Sous
» ce cylindre est placé une espèce de coffre,
» incliné de manière à renvoyer la pulpe
» obtenue dans un baquet tenant lieu de ré-
» cipient; sur la même face du bâti, et en
» avant de la circonférence de ce cylindre,
» est ajusté sur un centre mobile une sorte
» de volet en bois, qui reçoit de l'axe du pi-
» gnon, et à l'aide de bascules, un mouve-
» ment de va et vient, de telle sorte que
» l'intervalle existant entre le cylindre et ce
» même volet pour le passage de la substance
» à râper est alternativement resserré et ou-
» vert. L'ouverture, toutefois, est limitée

» par une petite barre sur laquelle le volet,
» dans son recul, vient s'appuyer. Toutes les
» parties de la machine qui débordent le
» bâti sont enveloppées par une boîte sur-
» montée d'une trémie devant contenir au
» moins un quintal de matières. Il résulte de
» cette espèce de cage que la trituration est
» opérée très-proprement sans éclaboussées
» et sans perte de matière. »

Les betteraves réduites en pulpe par l'action de la râpe doivent être exprimées pour en séparer les parties liquides du parenchyme; on se sert à cet effet d'une presse. Toute espèce de presse peut être employée à cet usage; ainsi, dans les exploitations, il arrive souvent qu'on n'a qu'une seule et même presse pour la pulpe de betterave et le marc de la vendange. Cependant, le but qu'on se propose, en soumettant la pulpe de betterave à la pression, étant d'en retirer la plus grande quantité possible des sucs qu'elle contient, il est nécessaire de pouvoir agir avec une force assez considérable; c'est ce qu'il n'est guère permis d'espérer avec de semblables appareils.

Les presses les plus généralement usitées sont de fortes presses à vis, qui ne diffèrent des pressoirs à raisin qu'en ce qu'elles sont construites avec plus de soin. Ces appareils sont trop connus, pour qu'il soit nécessaire d'en donner une description détaillée.

On avait proposé une presse à cylindre de M. Lauvergnat, qui a même été adoptée dans quelques fabriques : elle se compose de deux cylindres superposés; le plan dans lequel ils se trouvent est légèrement incliné. Le cylindre inférieur est en fonte, et son axe en fer forgé ; le cylindre supérieur est en bois, son axe est également en fer; ces deux axes tournent dans des coussinets en cuivre qui sont mobiles dans le sens vertical, afin de pouvoir serrer plus ou moins le cylindre supérieur sur l'inférieur par deux vis de pression. Ces cylindres reçoivent un mouvement égal et en sens contraire ; entre les deux cylindres, s'engage une toile sans fin, faite d'un fort canevas; cette toile est sous-tendue surdivers points de la machine par quatre rouleaux en bois qui la soutiennent dans son trajet, et l'un d'eux est disposé de telle sorte, qu'il en sous-tend une partie dans une position horizontale. C'est sur cette partie de la toile qu'arrivent les matières que l'on veut soumettre à la pression, en les engageant entre les cylindres. A cet effet, on dispose au-dessus de la portion horizontale de la toile une caisse sans fond, destinée à recevoir la matière à presser. Au-dessous des cylindres se trouve une seconde caisse ou auge, dans laquelle s'écoule le jus exprimé. La pâte entre ainsi d'un côté des cylindres, et sort de l'autre, épuisée de son liquide. Cette machine qui, du reste, est fort ingénieuse, a l'inconvénient de ne pas presser la pâte suffisamment pour en faire sortir le liquide; en sorte qu'on doit soumettre la pulpe à une seconde pression sous une presse à vis. Cela vient de ce qu'on ne peut serrer les cylindres l'un contre l'autre que jusqu'à une certaine limite : s'ils sont trop rapprochés, il ne passe qu'une couche de pulpe très-mince, ce qui rend le travail beaucoup trop long. (1)

Quelques fabricans se sont servi de la presse à double effet de M. Isnard ; dans cette sorte de presse, la vis, au lieu d'être verticale, se trouve placée horizontalement ; à chacune des extrémités de cette vis, est fixé un plateau contre lequel elle s'appuie; l'écrou est placé sur le milieu de la vis, qui reçoit un mouvement de va et vient rectiligne; en sorte que, lorsqu'on desserre l'un des plateaux, on exerce la pression sur le plateau opposé. La position de la vis et celle des matières à comprimer rendaient la manœuvre

(1) *Voyez*, pour de plus grands détails de la machine de M. Lauvergnat, l'ouvrage déjà cité de M. Leblanc.

de cette machine peu commode, elle ne produisait en outre qu'un effet médiocre; aussi paraît-on y avoir généralement renoncé.

De tous les moyens d'obtenir une pression considérable, le plus énergique est, sans contredit, la presse hydraulique, qui, comme on le sait, est fondée sur le principe hydrostatique, qu'une pression exercée sur un liquide se transmet dans toute la masse proportionnellement aux surfaces. Donnons une idée de la manière dont on fait l'application de ce principe dans la presse hydraulique.

Pour rendre cette explication plus simple, imaginons deux cylindres verticaux, creux, de calibres très-différens, communiquant l'un avec l'autre par un moyen quelconque. Un obturateur mobile, auquel nous supposons la forme d'un cylindre solide, entre exactement dans l'intérieur du plus grand cylindre: dans l'intérieur du petit, se trouve un piston armé d'un bras de levier. Si actuellement, les deux cylindres étant pleins d'eau, on exerce une pression, au moyen du bras de levier et du piston à la surface du liquide dans le petit cylindre, cette pression se transmettra dans le liquide du grand, en augmentant dans le rapport des sections des deux cylindres; ainsi, si la section du grand cylindre est cent fois celle du petit, la pression à la surface du premier sera cent fois celle qui a été exercée sur le dernier. Cela étant bien compris, il est facile de se rendre compte de la manière d'agir d'une presse hydraulique. Si, les deux cylindres étant pleins, on y fait entrer, au moyen d'une petite pompe foulante mise en jeu par le levier même qui donne la pression au petit piston, une nouvelle quantité d'eau, cette eau pressant de toutes parts soulevera l'obturateur mobile dans le grand cylindre, qui porte à sa partie supérieure un plateau qui n'est autre que le plateau de la presse elle-même.

Ce genre de presse, qui offre de grands avantages, a été adopté dans toutes les fabrications où l'on a besoin de pressions considérables.

Quelle que soit, du reste, la presse qu'on ait à sa disposition, une des conditions les plus importantes à remplir, est qu'elle fonctionne vite, et que l'intervalle de temps entre le râpage et la pression soit le plus court possible.

La pulpe, pour être soumise à la presse, est enfermée dans des sacs de toile forte, sans être trop serrée, afin que le liquide puisse s'échapper facilement; car s'il éprouvait trop de difficulté, les sacs pourraient crever sous l'effet de la pression. La dimension de ces sacs est déterminée par celle du plateau de la presse, en laissant un excédant de longueur pour le pli qui doit former le sac. La quantité de pulpe que l'on met dans chaque sac doit être telle qu'elle forme, lorsqu'elle est étendue, une couche qui n'excède pas un pouce et demi à deux pouces d'épaisseur : pour cela, un ouvrier, après avoir jetté la pulpe dans le sac, porte celui-ci sur une claie d'osier placée au-dessus d'un bac ; là, avec les mains, il étend la pulpe en une couche dans l'intérieur du sac dont il reploie en-déssous l'extrémité ouverte. Sur ce premier sac, il place une claie, et par-dessus un second sac qu'il arrange comme le précédent. Quand il a formé ainsi une pile d'une dixaine de sacs, un second ouvrier l'enlève et la porte sur le plateau de la presse. Lorsque la presse a reçu une charge qui varie suivant sa hauteur de vingt à trente sacs, on la met en jeu.

On donne à l'ensemble des sacs que reçoit la presse, et qui doit être le même à chaque fois, le nom de *jeu de sacs ;* on a ainsi plusieurs jeux, et en outre quelques sacs de rechange en cas d'accidens.

Pendant qu'un jeu est soumis à l'action de la presse, les ouvriers en préparent un autre, afin qu'il n'y ait pas d'interruption dans le travail. Le bac sur lequel on les arrange, est destiné à recevoir le jus qui s'écoule de la pulpe lorsqu'on l'étend en couche dans les sacs. Les claies reposent sur deux traverses en bois placées parallèlement sur la longueur du bac, dans le sens de sa largeur.

Par l'effet de la pression, le jus ruissèle de toutes parts, tombe sur le plateau, et de là se rend, par une gouttière, dans un réservoir en bois, doublé en cuivre. Comme il est nécessaire que la pression ne soit donnée que graduellement, un seul ouvrier a d'abord fait fonctionner la presse, à celui-ci viennent s'en joindre successivement un second, un troisième, etc., pour produire le maximum d'effet. Alors on abandonne la pressée, et, après un quart-d'heure de repos, on desserre la presse, on enlève les sacs, on les porte dans l'endroit destiné à recevoir la pulpe exprimée, où on les vide, en les retournant et les battant, pour en détacher les matières qui y adhèrent fortement.

Les sacs et les claies doivent être lavés, au moins toutes les douze heures, à l'eau bouillante, dans laquelle on aura ajouté un peu de sel de soude. Il en est de même des bacs, des plateaux de la presse, et généralement de tous les ustensiles qui servent aux opérations que nous avons décrites; le lavage de ceux-ci se fait à froid avec de l'eau de chaux. Dans quelques fabriques où l'on fait usage de la presse à vis, on a pour habitude de desserrer la presse, de mettre en bas les sacs, de remuer le marc, et de le soumettre alors à une seconde pression. Cette opération a pour objet de suppléer au défaut de force qu'on ne peut obtenir de ces sortes de presses.

Avec une presse hydraulique, qui peut recevoir à chaque fois trente sacs de vingt-deux pouces de longueur, et quinze de largeur, remplis chacun à un pouce et demi d'épaisseur, la charge totale étant de 800 livres environ, on pourra faire, en douze heures, dix à douze pressées, ce qui, à raison de 70 de jus pour 100 de pulpe, produira de 2,800 à 3,400 litres de jus.

Du Suc de betterave, de sa composition.

Le suc de la betterave, dans l'état où il sort de la presse, a une teinte laiteuse tirant sur le blanc jaunâtre; exposé à l'air, il se colore d'abord en violet clair, qui devient de plus en plus foncé lorsqu'on l'abandonne à lui-même, et qui tourne ensuite au brun sale. La chaux en petites proportions, et les acides forts, tel que l'acide sulfurique, le préservent au moins pendant quelque temps de la coloration.

Il entre très-promptement en décomposition, surtout à une température de 12 à 15 degrés; il donne alors un précipité noirâtre, et se transforme en une masse glaireuse et filante comme du blanc d'œuf, quelquefois même plus épaisse que celui-ci.

Sa composition ne paraît pas différer

beaucoup de celle du jus de la canne; comme celui-ci, il contient de l'eau, du sucre cristallisable, du sucre incristallisable. Ces deux dernières substances, cependant, en proportions plus petites, de l'albumine, du ferment, des sels qui varient en raison du terrain et des engrais, du parenchyme, et en outre un peu d'acide malique ou acétique.

Voici les résultats d'une analyse de la betterave, consignés par M. Dubrunfaut à la fin de son ouvrage. Il y a trouvé :

1.° Eau.

2.° Parenchyme ligneux.

3.° Sucre cristallisable, identique avec le sucre de canne.

4.° Sucre liquide ou incristallisable.

5.° Albumine végétale colorée.

6.° Gelée.

7.° Matière azotée noire, précipitable par les acides, et déterminant la décomposition du sucre en glaireux.

8.° Une matière grasse, solide à la température ordinaire.

9.° Une huile fixe.

10.° Une huile essentielle.

11.° Une résine verte amère.

12.° Une matière gommeuse.

13.° Un ou deux principes colorans jaunes et rouges.

14.° Un acide libre dont la nature n'a pas

été déterminée ; il se développe dans les conserves, et préserve les racines coupées de l'altération qui se manifeste dans la racine fraîche par une couleur noire.

15.° De l'oxalate d'ammoniaque.

16.° De l'oxalate de potasse.

17.° De l'oxalate de chaux.

18.° De l'hydro-chlorate d'ammoniaque.

19.° Du sulfate et du phosphate de potasse.

20.° De la silice.

21.° De l'alumine.

22.° Des traces d'oxides de fer et de manganèse.

23.° Des traces de soufre.

Quelque nombreux que soient les matériaux que M. Dubrunfaut a trouvés dans la betterave, il ne croit pas cependant les avoir indiqués tous. Aussi ne donne-t-il pas son analyse comme très-exacte ; il se propose au surplus de la reprendre.

Comme il sera souvent question, dans le cours des opérations que nous allons décrire, d'indications données par l'aréomètre, il est nécessaire, avant d'aller plus loin, de donner le rapport qui existe entre ses degrés et la densité réelle du liquide.

(Suit le Tableau.

Échelle de Baumé.	Pesanteur spécifique.	Échelle de Baumé.	Pesanteur spécifique.	Échelle de Baumé.	Pesanteur spécifique.
0	1000	18	1140	36	1324
1	1006	19	1148	37	1336
2	1013	20	1157	38	1349
3	1020	21	1167	39	1361
4	1028	22	1176	40	1374
5	1035	23	1186	41	1386
6	1042	24	1195	42	1400
7	1050	25	1205	43	1413
8	1058	26	1215	44	1427
9	1065	27	1225	45	1441
10	1073	28	1235	46	1456
11	1081	29	1246	47	1470
12	1090	30	1256	48	1485
13	1100	31	1267	49	1500
14	1106	32	1278	50	1515
15	1114	33	1289	55	1618
16	1125	34	1301	60	1725
17	1132	35	1312	66	1844

Défécation.

Des réservoirs où le jus a été reçu, il passe dans une chaudière pour y subir la *défécation*, c'est-à-dire, être dépouillé des matières solides qu'il a entraînées mécaniquement, et des substances solubles qui sont étrangères au sucre. La capacité de ces chaudières varie dans les différentes exploitations, suivant que le fabricant le croit plus commode ou plus avantageux. C'est ainsi que, dans quelques fabriques, on leur a donné une capacité de 25 hectolitres; tandis que, dans d'autres, cette capacité n'est que de dix. Les chaudières dont se servait M. Mathieu de Dombasle ne contenaient même que deux hectolitres : dans le cas d'une moindre contenance, on supplée à la capacité par un plus grand nombre.

La quantité de travail qui se fait par jour dans une sucrerie, étant réglée par l'ouvrage que les râpes peuvent effectuer, c'est en raison de la pulpe qu'elles peuvent fournir, qu'on calculera les dimensions à donner aux chaudières, de façon à ce que les différentes opérations se succèdent immédiatement, et sans que le jus soit obligé de séjourner dans les bacs. C'est la meilleure règle que l'on puisse suivre pour déterminer la marche des opérations d'une sucrerie, et la masse sur laquelle on doit opérer à chaque fois. Dans les grandes exploitations où les quantités de jus seraient telles qu'on se trouverait forcé de travailler plus de dix à douze hectolitres à la fois, peut-être serait-il préférable d'avoir deux chaudières à déféquer. Ces chaudières sont en cuivre, de forme cylindrique, à fond plat; leur diamètre doit être plus grand que leur profondeur; le rapport entre ces deux dimensions que l'expérience a indiqué comme le plus convenable, est à-peu-près celui de 5 à 8. Elles sont munies de deux robinets, l'un tout à fait au fond, l'autre à quelques pouces au-dessus. La hauteur à laquelle on place ce dernier, est déterminée par le volume du dépôt qui se forme dans l'acte de la défécation. Ce dépôt varie entre le 6e et le 8e du volume total du liquide.

Lors de la défécation, les écumes qui se produisent s'élevant à la surface, en formant un chapeau très-volumineux, on ne doit remplir la chaudière qu'au cinq sixièmes de sa capacité. On élève même quelquefois la maçonnerie en suivant son évasement au-dessus de son bord, et on en garnit le pourtour d'une feuille de cuivre, pour retenir les écumes qui peuvent passer par-dessus.

Les fourneaux qui portent la chaudière à défécation, et toutes celles dont on se sert dans une sucrerie, ne présentent dans leur construction aucune particularité. La seule condition que l'on ait à remplir, est de leur donner la forme la plus convenable pour utiliser la majeure partie de la chaleur développée.

Procédé d'Achard.

En annonçant la possibilité d'extraire en grand le sucre de la betterave, M. Achard publia le procédé qu'il employait pour y parvenir. Ce procédé, mis en pratique, ne parut pas donner les résultats qu'avait annoncés son auteur, et chaque fabricant lui fit subir des modifications qui lui semblèrent plus propres à obtenir les résultats les plus avantageux. Quelques-uns y renoncèrent même entièrement pour lui substituer une méthode analogue à celle en usage dans les colonies pour le traitement du suc de cannes. Depuis quelques années, cependant, l'expérience a conduit les fabricans à se rapprocher des moyens indiqués par Achard : il semblerait donc que, si ces moyens n'ont pas réussi lors des premières applications, c'est qu'on avait négligé de s'astreindre à une exécution précise des opérations et des doses recommandées par le chimiste prussien. Voici la manière d'opérer la défécation suivant Achard.

Le suc qui coulait de la presse était reçu dans de grands vases en terre ; on y ajoutait de l'acide sulfurique dans la proportion de deux grammes et demi d'acide par chaque litre de jus. Ainsi acidifié, le jus était abandonné à lui-même pendant vingt-quatre heures. Après ce laps de temps, la surface du liquide devait être claire et limpide ; mais le fond était trouble par le dépôt des matières albumineuses coagulées par l'acide, et par quelques autres impuretés. On jetait le tout dans une chaudière, sur le fond de laquelle on avait répandu uniformément une couche de craie dans la proportion de 5,826 par litre de jus acidifié ; la chaudière n'était remplie qu'aux deux tiers pour laisser la place à l'écume qui se forme par l'effervescence causée par la décomposition du carbonate calcaire. On agitait le suc avec la craie pour que la combinaison se fît exactement. Le sulfate de chaux qui résultait de cette décomposition, étant peu soluble, se précipitait et constituait la majeure partie d'un dépôt qui tombait au fond de la chaudière.

La proportion de craie indiquée, dit M. Achard, est beaucoup plus considérable qu'il ne faut pour saturer l'acide sulfurique, mêlé au suc ; mais il vaut mieux employer cette matière en quantité un peu plus forte, que de risquer que tout l'acide ne soit pas saturé.

Il est nécessaire de n'employer pour cette opération que la craie très-pure ; les substances avec lesquelles elle est quelquefois mélangée, pouvant être nuisibles à la clarification.

Dans la réaction de l'acide sulfurique sur la craie, il y a dégagement de gaz acide carbonique, dont une partie restait en dissolution dans le liquide. L'auteur recommande de le saturer par l'addition d'un gramme six dixièmes de chaux vive par litre de jus. On sait aujourd'hui que cette addition est tout-à fait inutile ; le gaz acide carbonique, étant naturellement peu soluble, est facilement dégagé par la chaleur, et l'on peut être certain qu'il n'en reste pas en dissolution dans le liquide à la température où l'on porte celui-ci pour sa défécation.

Cette première opération étant terminée, on allumait le feu sous la chaudière (1) ; le liquide parvenu à la température de 30 degrés, ce qu'indiquait un thermomètre plongé dans la chaudière, on y ajoutait du lait écrêmé dans la proportion de 10 à 14 litres par 1000 de jus. La masse alors bien remuée, la chaudière était couverte ; lorsque le thermo-

---

(1) M. Achard, chauffant à la vapeur, on donnait accès à celle-ci.

mètre marquait 79 degrés, le feu était éteint; et on laissait le liquide retomber à la température de 50 à 60 degrés. La chaudière étant alors découverte, on enlevait avec une écumoire les écumes qui s'étaient réunies à la surface, et surnageaient le liquide en une croûte noire.

Modifié par M. Crespel.

M. Crespel d'Arras, qui suit encore aujourd'hui la méthode d'Achard, lui a fait subir quelques changemens que lui a indiqués son expérience, et que commandait l'emploi du charbon animal.

Aux vases en terre qui recevaient le jus, et dans lesquels on l'acidifiait, M. Crespel a substitué de grands récipiens qui ont à-peu-près 1800 litres de capacité; le lait a été remplacé par le sang de bœuf, et le carbonate de chaux par la chaux éteinte. Il a également reconnu que le contact prolongé de l'acide avec le suc n'était pas indispensable. Voici comment opère M. Crespel.

Après avoir fait arriver le suc dans la chaudière à déféquer, qui contient 1800 litres, on y verse à froid 2600 grammes d'acide sulfurique à 66 degrés, étendu de trois fois son poids d'eau, puis on agite fortement; le mélange étant bien fait, on y ajoute quatre kilogrammes de chaux pesée vive, puis éteinte et convertie en bouillie ; après avoir agité de nouveau, on allume le feu. Le liquide étant arrivé à 70 degrés environ, on y délaie le charbon animal qui a servi à une clarification précédente, puis on met du sang de bœuf étendu d'eau ; on brasse fortement pour bien mélanger le tout, et on retire le feu pour laisser reposer le liquide ; ensuite on tire à clair par le robinet placé à quelques pouces au-dessus du fond.

Les fabricans de sucre de betteraves, à qui le procédé d'Achard n'avait pas réussi, et qui lui substituèrent celui qui est en usage pour le suc de cannes, dûrent nécessairement y apporter les modifications qu'exigeaient les différences dans la nature du liquide. Voici le le procédé tel qu'ils l'emploient.

Procédé des Colonies.

La chaudière étant remplie, le feu allumé, on attend que le liquide soit à 60 ou 65 degrés ; alors on y jette un premier lait de chaux composé, dans la proportion de cinq grammes de chaux par litre de suc. Le liquide est alors fortement agité avec une spatule ou un mouveron. Le mélange étant bien fait, on laisse reposer quelques minutes, et alors on prend dans une cuiller un peu de liquide pour l'examiner. On juge que la quantité de chaux est suffisante, lorsqu'on aperçoit nager dans la liqueur une foule de grumeaux bien détachés qui se précipitent rapidement en laissant le liquide bien clair, transparent, et légèrement ambré. Si, au contraire, les grumeaux sont dans un grand état de division, qu'ils ne se précipitent pas, et que le liquide reste louche, c'est une preuve qu'on n'y a pas mis assez de chaux. Dans ce cas, on en ajoute des poids déterminés jusqu'à ce que les indices ci-dessus se manifestent. Il est convenable de mettre un léger excès de chaux. Il paraît bien constaté aujourd'hui que la présence d'une petite quantité de cet alcali facilite les opérations auxquelles on soumet le suc, surtout lors de sa cristallisation. La quantité de chaux que l'on a employée étant bien connue, ces mêmes proportions peuvent servir pour toute une campagne. Cependant, comme on a reconnu que le suc de betteraves nouvellement récoltées en exigeait une proportion un peu plus grande que du suc provenant de betteraves conservées pendant quelques mois, il sera bien de s'assurer de temps en temps de la quantité de chaux rigoureusement nécessaire.

M. Mathieu de Dombasle indique une manière de faire cette défécation que nous devons reproduire. Après avoir mis dans la chaudière la quantité de chaux nécessaire, on y fait arriver le suc à déféquer, et on allume le feu. Lorsque le liquide est prêt d'entrer en ébullition, un ouvrier se tient à côté de la chaudière, ayant près de lui un seau rempli de jus de betteraves froid, et un vase de fer-blanc de la contenance d'environ un litre. Aussitôt qu'il s'aperçoit que le bouillon perce l'écume sur un point de sa surface, il verse, du plus haut qu'il le peut, un litre de jus précisément à cet endroit; le bouillon s'apaise aussitôt, et on attend qu'il se manifeste de nouveau, pour recommencer la même opération. A chaque fois, avant de verser le jus froid, l'ouvrier prend dans une cuiller un peu de jus dans l'endroit même où apparaît le bouillon, pour reconnaître si la défécation est complètement opérée; alors il éteint le feu, ayant soin de continuer de la même manière à apaiser le bouillon chaque fois qu'il se manifeste, et sans jamais permettre que le jus, en perçant les écumes, se répande à leur surface; on laisse déposer, et l'on tire à clair, comme nous le dirons tout à l'heure.

M. de Dombasle croit que cette addition brusque d'un liquide froid a pour effet de faciliter la séparation des matières en dissolution qui se coagulent par là en gros flocons.

Les proportions variables des substances qui composent le suc de betterave apportent des différences considérables dans les quantités de chaux nécessaires pour la défécation des divers sucs. Quelques personnes n'ajoutent que deux grammes et demi de chaux par litre de suc; d'autres en mettent jusqu'à sept grammes. Les localités, la saison et l'époque de la fabrication, peuvent avoir une telle influence, qu'il n'est guère possible de fixer des proportions; il sera toujours mieux de s'assurer directement de celles qui sont les plus convenables.

Quoi qu'il en soit, lorsqu'on pense avoir atteint le point convenable pour une défécation parfaite, on éteint le feu, on laisse déposer le liquide, qui, pendant ces diverses opérations, sera arrivé à 70 ou 75 degrés, et on le soutire après une heure de repos environ.

Troisième procédé.

Les altérations que la chaux fait subir au sucre, lorsqu'elle est employée en excès, ont fait chercher les moyens de se mettre à l'abri des pertes causées par sa présence dans le suc après la clarification. On a pensé de la neutraliser par un acide, et on a employé de préférence l'acide sulfurique, parce qu'il est à bon marché, et qu'il forme avec la chaux un sel peu soluble.

Après avoir traité, ainsi que nous l'avons

dit, le suc par la chaux dans la chaudière à déféquer, on décante le liquide clair dans les chaudières évaporatoires. Dans le liquide, qui est alors plus ou moins alcalin, suivant la quantité de chaux qu'on a employée, on verse de l'acide sulfurique étendu d'eau, jusqu'à ce que la chaux soit à peu près neutralisée, ayant soin cependant que la liqueur conserve un peu d'alcalinité, un excès d'acide étant encore plus nuisible qu'un excès de chaux. On reconnaît facilement le point de saturation au moyen du papier bleu de tournesol, qui vire au rouge par un excès d'acide : le papier teint en jaune par le curcuma, que les alcalis font passer au rouge, ou le sirop de violette qu'ils colorent en vert, serviront à reconnaître l'excès de chaux.

Quelques fabricans, et cette méthode est préférable, ajoutent l'acide sulfurique dans la chaudière à déféquer, après l'opération de la chaux; de cette manière, les deux dépôts occasionnés l'un par l'action de la chaux, le second par celle de l'acide sulfurique, n'en forment qu'un ; l'opération se trouve donc simplifiée, et, dans les chaudières évaporatoires, l'on n'a plus qu'à concentrer le liquide.

Le troisième procédé que nous venons de décrire est le plus généralement usité dans les fabriques françaises; c'est celui qu'employait, à quelques différences près, M. Chaptal, et que recommande M. Mathieu de Dombasle.

Les écumes que l'on obtient par la défécation, dans ces différentes méthodes, sont jetées d'abord sur un filtre en forte toile, puis enfermées dans des sacs, comme de la pulpe, et on les fait passer sous une presse uniquement destinée à cet usage, pour en exprimer le suc qu'elles peuvent encore retenir.

A son écoulement de la chaudière à déféquer, le suc tombe dans deux chaudières dont la surface du fond est égale, dans chacune d'elles, à celle du fond de la chaudière à déféquer, mais qui n'ont pas plus de la moitié de la hauteur de celle-ci.

Par la défécation, le jus, séparé d'une partie des matières étrangères avec lesquelles il était combiné, a perdu de sa densité, de manière à marquer 1 à 2.° de moins à l'aréomètre : c'est donc à cet état qu'il arrive dans les chaudières dont nous venons de parler et dans lesquelles on lui fait subir une évaporation qui l'amène à une densité où il marque 20 à 25.° aréométriques, bouillant, ce qui répond à 24 à 29.° froid ; c'est-à-dire qu'il éprouve une réduction de volume égale environ aux 4/5 ou aux 5/6 de son volume. A mesure que l'eau se vaporise, il se sépare du liquide des matières floconneuses qu'elle tenait en dissolution, et qui en troublent la transparence. Ces matières se rassemblent en écume blanche à la surface du liquide ; pour favoriser leur formation, on ménage le feu dans le commencement, on ajoute même quelquefois un peu de sang ou de blanc d'œuf délayé ; l'ouvrier a soin d'enlever toutes ces écumes ; quand il ne s'en présente plus, on pousse le feu pour activer la vaporisation. Pendant cette évaporation, le jus s'élève en mousse, monte et paraît disposé à s'extravaser par-dessus les bords de la chaudière, ce qui arriverait souvent si l'on n'arrêtait pas ce soulèvement ; pour cela, on jette, à la surface du liquide, une petite quantité d'un corps gras quelconque ; c'est ordinairement de beurre dont on fait usage : lorsque cette action n'est pas trop vive, l'ouvrier se contente de battre la surface avec le dos d'une écumoire ; il est nécessaire d'empêcher le plus possible cette ascension du liquide, due probablement au dégagement d'un gaz, et de tenir le bouillon bas. La couche de liquide qui repose sur le fond de la chaudière, devenant alors très-mince, peut facilement se carameliser, ainsi qu'on a remarqué que cela avait lieu toutes les fois que le liquide n'avait pas une certaine hauteur dans la chaudière. Cette hauteur varie, suivant que la chaudière a une surface plus ou moins grande, de deux à quatre pouces. Il ne faudrait pas donner à la couche du liquide à évaporer une trop grande hauteur, parce que, la vaporisation étant proportionnelle à la surface directement soumise à l'action du feu et non pas à la hauteur du liquide, le temps nécessaire pour amener une masse donnée à un point déterminé de concentration sera d'autant plus court que cette surface sera plus grande, et cette couche plus mince.

L'ouvrier reconnaît que le jus est arrivé au point convenable de concentration, par la réduction du volume qui n'est plus guère que 1/5 ou 1/6 de celui qu'il occupait d'abord; le liquide doit marquer alors 26.° à l'aréomètre, bouillant, ou 30.° froid; à ce moment, l'on réunit le jus des deux chaudières d'évaporation en une seule, pour procéder à la *clarification*, c'est-à-dire à la séparation des matières étrangères que le jus contient encore.

La première chose à faire avant de commencer la clarification est de s'assurer de l'état du liquide, afin de reconnaître s'il contient un excès d'acide ou d'alcali. Dans le premier cas, il serait nécessaire de le neutraliser, en y ajoutant de la chaux, afin de prévenir le mal que sa présence pourrait causer dans les opérations suivantes. Si le liquide contenait un excès de chaux, il faudrait saturer également celle-ci avec de l'acide sulfurique étendu d'eau, de manière à ce que le sirop ne fût que très-légèrement alcalin.

Cette vérification faite, et le sirop étant convenablement préparé, on y verse, pour chaque cent litres, cinq kilogrammes de charbon animal : on agite le liquide pour bien mélanger le charbon; on a soin de diviser avec l'écumoire les agglomérations qui peuvent se former; on ramène à la surface celui qui se précipite, et l'on continue d'agiter ainsi jusqu'à ce que, par le mouvement de l'ébullition, le charbon soit maintenu en suspension dans le liquide : le sirop a alors l'aspect d'une masse bourbeuse et noirâtre; on le maintient à l'ébullition pendant quelques minutes, pour laisser au charbon le temps d'agir; pendant ce temps, on délaye dans de l'eau un litre de sang, ou deux litres de lait, ou bien encore cinq œufs, toujours par cent litres de sirop; et on verse cette dissolution en ayant soin de brasser fortement la masse, jusqu'à ce que l'ébullition, qui avait été arrêtée par l'addition de ce liquide froid, se produise de nouveau : on cesse alors d'agiter, et on laisse bouillir le liquide durant quelques minutes; on reconnaît que la quantité de sang ou d'œufs que l'on a ajoutée a été suffisante, en plongeant une écumoire dans les chaudières, et la retirant ; le sirop qui en découle, vu à travers le jour, doit présenter une grande transparence, et le charbon y nager en grumeaux : si le sirop n'offrait pas cet aspect, il faudrait y ajouter de nouveau du sang ou des œufs, jusqu'à ce qu'on y aperçût ces indices d'une clarification parfaite ; il est temps alors de filtrer le liquide : pour cela, on le porte sur des filtres qui varient de forme suivant les différentes fabriques. Dans la plupart ce sont des paniers d'osier garnis intérieurement de forte toile ou d'une étoffe de laine, dans lesquels on verse le sirop, qui abandonne sur le filtre les matières qui le salissent, et coule clair dans un récipient placé au-dessous. Ces paniers sont assez grands pour recevoir chacun le produit d'une clarification. La filtration se faisant avec d'autant plus de rapidité que le sirop est plus chaud, on a dû chercher les moyens de lui conserver plus long-temps sa température : on a donc remplacé, dans plusieurs fabriques, les paniers par des caisses cubiques en bois, garnies intérieurement de claies d'osier, revêtues d'une toile ou d'une étoffe de laine, et munies d'un couvercle en bois ; le liquide s'écoule par un robinet placé au fond de la caisse. Dans cet appareil, le sirop, moins exposé au contact de l'air, conserve plus long-temps sa fluidité, et la filtration se continue sans interruption, inconvénient qui se présente fréquemment dans les paniers par l'empâtement des filtres.

Le dépôt qui reste sur les filtres et qui se compose du charbon animal, des matières albumineuses que l'on a employées et qui ont été coagulées par l'effet de la chaleur, des matières enlevées au sirop, est imprégné d'une quantité assez considérable de sucre pour qu'il soit avantageux de le lui enlever ; c'est ce qu'on fait par des lavages réitérés. Le charbon animal qui a servi une première fois à la clarification est utilisé de nouveau, soit en rentrant pour une partie dans celui d'une clarification suivante, soit en l'ajoutant dans la chaudière de défécation, d'où il sort avec les écumes.

Nous devons signaler les différences qui existent entre les méthodes suivies dans quelques fabriques, et celle dont nous venons de donner la description : ainsi, M. Chaptal, dont la chaudière à déféquer contenait 1,800 litres, n'employait qu'une chaudière évaporatoire pour chaque opération de défécation ; cette chaudière avait quinze pouces de profondeur ; lorsque le suc, dans cette chaudière, marquait 5 à 6.° de concentration, on commençait à y jetter du charbon animal, et on continuait, en augmentant la dose peu-à-peu, jusqu'à ce que le suc fût concentré à 20.°. Il employait, de cette manière, 25 kilogrammes de charbon par chaque opération de 16 à 1800 litres de suc; une fois parvenu à 20.°, on soutenait l'évaporation jusqu'à ce que le sirop bouillant marquât 27.° à 28.°; alors on filtrait dans des paniers d'osier de deux pieds de diamètre, placés au-dessus d'une chaudière et garnis d'un sac de toile d'un diamètre égal à celui du panier. Lorsque le sirop, épaissi par le refroidissement, coulait plus lentement et finissait par s'arrêter, on repliait vers l'intérieur du panier les bords du sac, et on mettait par-dessus un plateau de bois qu'on chargeait graduellement de poids de fonte pour opérer une pression convenable : la filtration était terminée en deux à trois heures.

On remarquera, dans le détail de cette opération, que M. Chaptal ne dit pas de faire usage de sang de bœuf ni d'œufs.

Achard concentrait ses sirops au moyen de la chaleur dégagée par la condensation de la vapeur. Il avait pour cela deux chaudières plates pour une de défécation, sous lesquelles il faisait arriver de la vapeur; il ne chargeait ces chaudières qu'à six pouces tout au plus, attendu que, dans ce mode de chauffage, il n'avait pas à craindre que le sirop, réduit à une couche trop mince, se caramelisât, puisque la température du liquide ne pouvait guère aller au-de-là de 70.° Réaumur. Ce mode d'évaporation avait l'inconvénient d'être extrêmement long, la vapeur qu'employait Achard étant produite sous la simple pression atmosphérique. On a fait, en Angleterre, une application fort heureuse de cette méthode d'évaporation, en se servant de vapeur formée à une haute pression, et ayant par conséquent une température beaucoup plus élevée que celle qui se forme sous la pression ordinaire. Il en sera question lorsque nous traiterons des nouveaux procédés employés dans le raffinage du sucre.

M. Crespel, dont le nom se présente toujours lorsqu'il s'agit d'améliorations dans la fabrication du sucre de betteraves, employait autrefois six chaudières à évaporer pour une chaudière de défécation. Chacune de ces chaudières avait sept pieds de longueur sur trois pieds environ de largeur; on versait dans chaque chaudière 280 à 300 litres de ce suc, ce qui faisait une couche de liquide de quatre pouces à quatre pouces et demi de hauteur.

On poussait vivement le feu, jusqu'à ce que le sirop marquât 20.° à l'aréomètre, ce qui arrivait communément après cinq heures d'ébullition; le suc se trouvait alors réduit, selon sa richesse, au 7.e ou au 8.e de son volume. A ces chaudières fixes, M. Crespel a substitué un pareil nombre de chaudières à bascule, placées sur une même ligne et faisant suite à la chaudière à déféquer. La charge d'une de ces dernières est d'abord répartie également dans ces six chaudières, pour être soumise à une évaporation prompte. Lorsque le jus a acquis une densité de 20.°, on réunit les liquides des six chaudières dans une seule pour y être clarifié.

Cuisson des Sirops.

Le sirop qui coule des filtres porte le nom de *clairce*; il se rend dans un réservoir, que l'on désigne dans les ateliers par celui d'*avale-tout*. Dans cet état, le sirop froid marque à-peu-près 30.° : cette densité n'est pas suffisante pour qu'il puisse cristalliser; il faut donc le concentrer de nouveau pour lui enlever l'eau qui tient le sucre en dissolution : tel est l'objet de la *cuite*. Lorsque l'avale-tout a reçu une quantité de sirop suffisante pour une cuite, on procède à cette opération, qui s'effectue dans des chaudières semblables à celles d'évaporation, si ce n'est que leur capacité est moindre ; ou mieux dans des *chaudières à bascule*, qui ont sur les premières de nombreux avantages. Ces chaudières qui sont ordinairement circulaires, sont à fond plat; leur diamètre est de trois pieds environ, leur profondeur d'un pied;

elles portent un bec, sous celui-ci se trouve un axe solide, sur lequel pivote la chaudière ; à la partie opposée au bec est un anneau auquel est attachée une chaîne passant sur une poulie ; l'ouvrier, en tirant la chaîne, soulève la chaudière, et la fait basculer de manière à faire écouler par le bec le liquide qu'elle contient.

La partie supérieure du fourneau présente une ouverture circulaire d'un diamètre un peu moindre que celui de la chaudière elle-même. Celle-ci est placée sur cette ouverture, en sorte que la plus grande partie de la surface de son fond se trouve exposée à l'action directe de la flamme ; cette disposition a pour but d'obtenir une ébullition vive dans toute l'étendue de la chaudière, et c'est une condition qu'il faut surtout remplir, si l'on veut que le sirop cuise rapidement.

Après avoir chargé les chaudières de cuite de 50 litres à-peu-près de clairce chacune, on allume le feu, et on place le thermomètre dont la boule doit être plongée en entier dans le liquide de la chaudière. Le sirop, arrivant dans la chaudière de cuite avec une température déjà très-élevée, puisque on le prend à son écoulement des filtres, ne tarde pas à entrer en ébullition. Mais, avant d'arriver à ce point, le sirop jette encore un peu d'écume blanchâtre ; on s'arrange de façon à ce que, pendant quelques minutes, le bouillon se produise seulement au centre de la chaudière, pour avoir la facilité d'enlever les écumes qui sont alors passées vers la circonférence.

Lorsqu'il a coulé un peu de sirop trouble dans l'avale-tout, on ajoute même un blanc d'œuf délayé dans la charge de la chaudière à cuire, et l'on emporte avec l'écumoire les impuretés qui s'élèvent à la surface.

Les écumes étant enlevées, on pousse d'abord le feu assez vivement, jusqu'à ce que le thermomètre marque 85 à 86.° : il est prudent, à ce moment, de ménager le feu; car, plus on approche du point de cuite, plus il est facile de brûler le sirop.

Pendant toute cette première opération, si le sirop est de bonne qualité, il présente, sur toute sa surface, un bouillon perlé et blanc, qui ne tarde pas trop à monter; c'est ce qu'on appelle un bouillon *sec* : on dit, au contraire, que le bouillon est *gras*, lorsqu'il a une apparence mousseuse et comme gluante; dans ce dernier cas, les écumes se produisent en abondance, le sirop monte beaucoup, et la cuite devient très-difficile.

Lorsque, pendant la cuisson, le sirop tend à s'élever, on jette dans la chaudière, ainsi que nous avons dit que cela se pratiquait lorsque le même phénomène se produisait dans la concentration, un peu de beurre (1), ou de tout autre corps gras, dont l'effet est d'abaisser immédiatement la surface du liquide, d'en faire disparaître les bulles qui le recouvraient, et de mettre le bouillon à découvert. Cet affaissement de la masse en ébullition est d'autant plus prompt que le sirop est de meilleur qualité, l'addition du beurre n'ayant que peu et quelquefois même point d'effet sur un liquide gras.

Au moment où l'ouvrier s'aperçoit que le thermomètre indique 85 ou 86.°, il doit ralentir le feu et se disposer à prendre la preuve, c'est-à-dire reconnaître l'état de concentration du sirop; c'est ce qu'il fait lorsque le thermomètre annonce 89 degrés. La preuve se prend de deux manières, au *filet* et au *soufflé*. Nous avons déjà parlé de ces deux méthodes, lorsque nous avons indiqué les moyens de reconnaître le point de cuite du vesou de cannes; nous allons cependant les reproduire ici en leur donnant plus de développement.

La preuve *au filet* s'exécute en plongeant une écumoire dans le sirop, la retirant et

(1) M. Mathieu de Dombasle conseille d'employer du beurre préalablement fondu pour lui enlever son odeur.

prenant sur le pouce quelques gouttes du liquide. On laisse refroidir un instant le sirop ainsi placé ; on rapproche ensuite l'index du pouce jusqu'à mettre ces deux doigts en contact. Lorsque le sirop interposé entr'eux n'est plus qu'à la température de la main, on élève brusquement l'index ; dans cette séparation, il se forme *un filet.* Si le filet est faible, qu'il casse près de l'index, la cuite est dite *faible*, ce qui signifie que la concentration n est pas poussée au point où la dissolution sera dans les circonstances les plus favorables pour fournir des cristaux ; elle s'y trouve au contraire, et on dit alors que la cuite est bonne, lorsque le filet s'allonge d'un pouce ou deux, brise vers le pouce, et remonte vers l'index sous forme de crochet. Ce point outre-passé, le filet s'allonge davantage, se casse également vers le pouce en se relevant en crochet, mais il ne rentre que lentement dans la goutte adhérante à l'index. La cuite est alors appelée *forte.*

Pour la preuve au soufflé, après avoir plongé l'écumoire dans le sirop bouillant, on la retire, on la secoue au-dessus du liquide pour en détacher la majeure partie du sirop qu'elle a emporté, et on la présente verticalement devant la bouche. Alors on fait une expiration forte à travers les trous de l'écumoire dont il doit se détacher une foule de petites bulles blanches semblables à des bulles de savon ; selon que ces bulles sont plus ou moins nombreuses, qu'elles subsistent plus long-temps, on juge que la cuite est forte ou faible. Avant et après le point de cuite, il ne se produit pas de bulles.

Le thermomètre, dont nous avons déjà plusieurs fois signalé l'emploi, peut également servir pour déterminer d'une manière exacte le point de cuite. Pour le faire mieux sentir, rappelons-nous quelques-unes des circonstances qui accompagnent l'ébullition des liquides tenant des matières en dissolution. L'eau pure sous la pression de l'atmosphère, bout à 80 degrés Réaumur ; si l'on ajoute à l'eau un corps qui ait pour elle de l'affinité, c'est-à-dire qui s'y dissolve facilement, tel que le sucre, le point où elle entrera en ébullition sera d'autant plus élevé que la quantité de ce corps et son affinité pour l'eau seront plus grandes. En effet, l'ébullition d'un liquide ayant lieu lorsque la tension de sa vapeur est égale à la pression qu'il supporte, l'addition d'un corps qui a de l'affinité pour lui retardera l'époque où la tension de sa vapeur pourra faire équilibre à cette pression ; de manière que, pour la porter au point où elle vaincra la résistance de l'atmosphère, il faudra élever davantage la température du liquide, la tension ou force élastique de la vapeur croissant avec celle-ci.

En appliquant ces principes au cas qui nous occupe, on voit que la température nécessaire pour entretenir le sirop bouillant devra s'élever à mesure que l'eau se vaporisera, et que le sucre se trouvera en plus grande proportion dans le liquide. C'est sur de semblables données qu'est fondée la table que nous avons reproduite, d'après M. Dutrône, dans la première partie de cet ouvrage.

Le point de cuite n'étant que l'instant où les proportions relatives d'eau et de sucre qui constituent le sirop, sont les plus convenables pour que la cristallisation soit en même-temps facile et abondante, ce point une fois déterminé, comparativement avec le thermomètre, pourra toujours être reconnu au moyen de celui-ci. C'est ainsi qu'on a trouvé que la cuite faible répond aux 89 à 89 degrés et demi, et la cuite forte aux 90 et demi à 91 degrés. Comme différentes causes peuvent faire varier sensiblement les indications du thermomètre, peut-être sera-t-il mieux de ne les regarder que comme annonçant l'approche du point de cuite et le moment de prendre la preuve par les moyens ordinaires.

Un thermomètre d'atelier doit être gradué jusqu'à 100 degrés Réaumur au moins, il doit être monté sur bois, et sa graduation sur une plaque en cuivre; elle doit être assez large pour marquer les demi-degrés; un semblable thermomètre a environ deux pieds de longueur.

L'aréomètre peut encore fournir quelques indications, moins exactes cependant que celles du thermomètre, sur les approches du point de cuite; ainsi, le sirop cuit bouillant marque 44 à 45 degrés à l'aréomètre.

Arrivé au point de cuite, le sirop a perdu les 40 pour 100 du poids qu'il avait en entrant dans la chaudière à cuire.

Aussitôt que l'ouvrier a reconnu le point de cuite, il tire la chaîne pour soulever la chaudière, et verser le sirop dans le rafraîchissoir; ainsi vidée, la chaudière doit être immédiatement remplie. Si le réservoir de la clairce n'est pas placé de façon à ce qu'il coule par un robinet dans la chaudière de cuite, l'ouvrier, avant de la vider, a eu soin d'en remplir un seau qu'il verse dans sa chaudière aussitôt qu'il en a enlevé la charge. Si, pendant la cuisson, le sirop avait brûlé, ou s'il s'était attaché à son fond quelques matières qui fissent tache, il faudrait la laver et les enlever soigneusement avant de l'exposer de nouveau sur le feu.

Nous n'avons pas cru devoir interrompre le détail des opérations qui s'accomplissent dans une sucrerie, pour rechercher le rôle que jouaient les substances, et notamment le charbon animal que l'on emploie dans ces opérations. Nous allons revenir sur ce sujet important.

Lorsque Lowitz eut reconnu les propriétés anti-putrides et décolorantes du charbon, on ne tarda pas à en faire des applications ; mais on crut pendant quelque temps que l'action décolorante du charbon de bois était plus forte que celles de charbons animaux. Aussi était-ce du premier dont on faisait uniquement usage. Ce fut M. Figuier, pharmacien de Montpellier, qui, dans un mémoire publié en 1811, fit revenir de l'erreur où l'on était à cet égard ; il en fit de suite des applications à la décoloration du vinaigre et de quelques autres substances. En 1812, M. Ch. Derosnes conçut l'idée de substituer le charbon animal à celui de bois dans le raffinage du sucre des colonies, et dans la fabrication de celui de betteraves. Les résultats les plus heureux couronnèrent ses efforts, et, depuis cette époque, l'usage du charbon animal a été universellement adopté dans les raffineries, d'où il est passé chez les pharmaciens et les confiseurs.

Quoique son emploi fût répandu, la manière d'agir du charbon n'en était pas plus connue; on supposait alors qu'il décomposait la matière colorante; on se fondait sur ce qu'en traitant différentes matières par le charbon, telles que la bière, la mélasse, le vin, etc., la décoloration était accompagnée d'un dégagement de gaz. On avait remarqué que tous les charbons animaux ne jouissaient pas à un même degré de la propriété décolorante, que des circonstances particulières pouvaient faire qu'un charbon qui ne décolorait pas du tout acquît une force décolorante très-énergique. Ce fut pour éclairer tout ce que ces phénomènes présentaient de contradictoire que la Société de pharmacie de Paris proposa en 1821 un prix dont le sujet était :

1.° De déterminer quelle est la manière d'agir du charbon dans la décoloration, et, par conséquent quels sont les changemens qu'il éprouve dans sa composition pendant sa réaction.

2.° De rechercher quelle est l'influence exercée dans cette même opération, par les substances étrangères que le charbon peut contenir.

3.° Enfin, de s'assurer si l'état physique du charbon animal n'est pas une des causes essentielles de son action plus marquée sur les substances colorantes.

Nous allons extraire du mémoire de M. Bussy, qui remporta le premier prix, les faits principaux qu'il y a consignés, et les conséquences auxquelles ils l'ont conduit.

Le charbon des os tel qu'il se trouve dans le commerce, ayant servi à l'auteur de terme de comparaison pour évaluer le pouvoir de tous ceux qu'il a soumis aux expériences, il a dû rechercher quelle était sa composition: il l'admet formé généralement des substances suivantes:

Phosphate de chaux. Carbonate de chaux. Sulfate de chaux. Sulfure de fer. Oxide de fer.	88
Fer à l'état de carbure silicé.	2
Charbon renfermant 6 à 7 pour 100 d'azote.	10
	100

M. Bussy ayant reconnu que, de toutes ces substances, la seule qui exerçât une action décolorante, était le charbon, il dut rechercher quel était son mode d'action et l'influence que pouvaient exercer les matières avec lesquelles il était mêlé : il trouva,

1.° Que la propriété décolorante est inhérente au carbone (nom que l'on donne en chimie au charbon pur), mais qu'elle ne peut se manifester que lorsque le carbone se trouve dans certaines circonstances physiques, parmi lesquelles la porosité et la division tiennent le premier rang.

2.° Que, si les matières étrangères paraissent avoir une influence sur la décoloration, cela tient à ce qu'elles augmentent la surface du charbon qui est en contact avec le liquide.

3.° Qu'aucun charbon ne peut décolorer lorsqu'il a été chauffé assez fortement pour devenir dur et brillant; que tous, au contraire, jouissent de cette propriété lorsqu'ils sont suffisamment divisés, non point par une action mécanique, mais par l'interposition de quelque substance qui s'oppose à leur aggrégation.

4.° Que la supériorité du charbon animal, tel que celui du sang, de la gélatine, provient surtout de sa grande porosité, et qui peut être considérablement accrue par l'effet des matières avec lesquelles on le calcine, telle que la potasse.

5.° Que la potasse, dans cette circonstance, ne se borne pas seulement à augmenter la porosité du charbon par la soustraction des matières étrangères qu'il contient; mais qu'elle agit sur le charbon lui-même, en atténuant ses molécules, et que, par cette raison, l'on peut, en calcinant les substances végétales avec la potasse, obtenir un charbon décolorant.

6.° Que la force décolorante de différens charbons établie pour une substance suit généralement le même ordre pour les autres ; mais que la différence qui existe entr'eux diminue à mesure que les liquides sur lesquels on les essaie sont plus difficiles à décolorer.

7.° Que le charbon agit sur les matières colorantes en se combinant avec elles sans les décomposer, comme ferait l'alumine, et que l'on peut, dans quelques circonstances, faire reparaître la couleur, et l'absorber alternativement.

Voici l'extrait d'un tableau, donné par M. Bussy, qui présente la différence qui existe entre les pouvoirs décolorans de quelques charbons, relativement à une dissolution d'indigo et à une de mélasse.

(*Suit le Tableau.*)

ESPÈCES de CHARBON.	Poids du charbon.	Quantité de liqueur d'essai d'indigo *décolorée.*	Quantité de liqueur d'essai de mélasse *décolorée.*	Force décolorante sur l'indigo.	Force décolorante sur la mélasse.
Charbon des os du commerce.	1 g.e	litre. 0,032	litre. 0,009	1	1
Charbon des os épuré par l'acide muriatique.	1 g.e	0,06	0,015	1,87	1,6
Charbon des os épuré par l'acide muriatique et la potasse.	1 g.e	1,45	0,18	45	20
Sang calciné avec la potasse	1 g.e	1,6	0,18	50	20
Noir de fumée calciné.	1 g.e	0,128	0,03	4	3,3
Noir de fumée calciné avec la potasse.	1 g.e	0,55	0,09	15,2	10,6

Nota. Les dissolutions colorées qu'a employées M. Bussy contenaient, celle d'indigo un millième de son poids d'indigo : celle de mélasse était formée d'une partie de mélasse et de 20 parties d'eau.

Dans un mémoire qui mérita le second prix, M. Payen était arrivé à des résultats à-peu-près analogues à ceux que nous avons donnés d'après M. Bussy ; en sorte qu'aujourd'hui la manière d'agir du charbon et les différentes causes qui modifient ou qui ajoutent à l'énergie de ses propriétés décolorantes sont parfaitement connues.

Le sang, les blancs d'œufs n'agissent sur les dissolutions sirupeuses que par l'albumine qu'ils contiennent; celle-ci, se coagulant par une chaleur de 40 à 45° Réaumur, suivant M. Chaptal, forme une espèce de réseau qui, enveloppant les particules solides en suspension dans le liquide, les élève à sa surface, et leur donne une consistance qui permet de les enlever plus facilement.

La manière d'agir du lait est tout-à-fait identique à celle du sang et des blancs d'œufs; c'est alors la matière caseuse qui se coagule.

Reprenons actuellement la série des opérations qui suivent la cuite du sirop, et qui ont pour but d'obtenir le sucre, liquide jusqu'ici, à l'état solide.

Travail des Formes.

Le sirop étant cuit, on le fait couler dans une grande chaudière en cuivre, appelée *rafraîchissoir*, dont la capacité doit être telle qu'elle puisse contenir au moins quatre cuites. La disposition la plus convenable de l'atelier est, qu'en faisant basculer la chaudière de cuite, le sirop coule dans le rafraîchissoir placé dans une pièce voisine de celle où sont les fourneaux : c'est cette pièce qui porte le nom d'*empli*.

A mesure que de nouvelles cuites arrivent dans le rafraîchissoir, on les agite avec une grande spatule de fer pour les mélanger entr'elles, et on laisse ensuite le liquide descendre à 70 ou même 60 degrés. Le fond du rafraîchissoir se couvre d'une couche épaisse de cristaux qui ont peu de consistance ; les parois se tapissent également de petits cristaux, et la surface du liquide ne tarde pas à se prendre en croûte. Lorsque cela a lieu, on a soin d'y faire une ouverture, et l'on verse les cuites avec précaution, le liquide coule par l'ouverture au-dessous de cette croûte, et la soulève sans la rompre ; elle sert ainsi de couvercle au rafraîchissoir, et le refroidissement s'opère plus lentement.

Pour déterminer la cristallisation, ou, comme on le dit, la formation du grain, lorsqu'on traite des sirops peu riches, on met quelquefois dans le rafraîchissoir, avant d'y verser la première cuite, une légère couche de sucre brut. On sait, en effet, qu'un corps solide, placé au milieu d'une dissolution, est un véritable noyau autour duquel viennent se réunir les molécules de la substance cristallisable.

La température du sirop étant descendue au point convenable, on procède à l'empli des formes; celles-ci sont de grands vases coniques ordinairement en terre cuite, dont le sommet est percé d'un trou qui a environ neuf lignes de diamètre; elles peuvent contenir de 45 à 50 litres de sirop. Ce sont les mêmes formes que nous connaîtrons plus tard en traitant du raffinage sous le nom de *grandes bâtardes* ou *formes à vergeoise*. M. Mathieu de Dombasle, qui a proposé de substituer aux formes en terre cuite des vases pareillement coniques en bois, dit s'être servi de ces derniers avec avantage.

Quelques heures avant de les remplir, on les immerge dans un grand bassin plein d'eau, dit *bac à formes*, d'où on les retire pour les laisser égoutter peu de temps avant l'instant où on doit y verser le sirop. On bouche leur ouverture avec du vieux linge, ou mieux avec un bouchon de liége.

Ainsi préparées, les formes sont portées dans l'empli et rangées sur deux lignes, la pointe en bas contre un des murs de cet atelier, c'est ce qu'on appelle le *plantage*. On les soutient dans cette position par d'autres formes placées sur leur base. A ce moment, un ouvrier détache avec la spatule en fer le grain qui s'est attaché au fond et sur les parois du rafraîchissoir, et agite pour le mêler avec la masse qui est restée fluide; il continue à agiter jusqu'à ce que le rafraîchissoir soit totalement vidé.

L'ouvrier, chargé de verser le sirop dans les formes, présente au rafraîchissoir un bassin de cuivre qu'il tient par ses deux anses. Ce bassin, appelé *bec de corbin*, porte un bec en forme de grande gouttière fort large par lequel on verse le sirop dans les formes sans craindre de le répandre. Il peut contenir de 12 à 15 litres de sirop. Un autre ouvrier puise, avec une louche, le sirop dans le rafraîchissoir, et en remplit aux deux tiers le bec de corbin. Le bassin chargé, l'ouvrier va le verser dans les formes, en ayant soin de partager cette première charge entre deux ou trois; il en est de même de la seconde qu'il verse dans les formes suivantes, et ainsi successivement jusqu'à ce que toutes aient reçu une quantité à-peu-près égale de sirop; c'est ce qu'on appelle une *ronde*. Une première ronde terminée, il en fait une seconde, c'est-à-dire qu'il recommence à répartir de nouvelles charges dans toutes les formes, ainsi qu'il l'a fait à la première fois, et il continue de cette façon jusqu'à ce qu'elles soient toutes remplies, ou que le rafraîchissoir soit vide. Quelques heures après que la manœuvre de l'empli des formes a été exécutée, il s'établit à la surface du liquide qui se présente à la partie supérieure du cône une croûte ; lorsqu'elle a acquis une certaine consistance, on la perce avec une spatule de bois large d'environ deux pouces, que l'on enfonce dans l'intérieur de la forme, et avec laquelle on agite le sirop pendant quelques minutes : on a soin, dans cette opération, de détacher les cristaux qui sont adhérens aux parois de la forme, et de les ramener le plus possible dans le centre. On abandonne ensuite la cristallisation à elle-même, elle ne tarde pas à se faire dans toute la masse. On doit, pendant toutes ces opérations, maintenir la température de l'empli à 15 à 20 degrés.

Les caractères qui servent à reconnaître si le sucre est de bonne qualité, s'il a été bien cuit, si l'empli a été fait à la température convenable, sont les suivans : la surface de la masse cristallisée doit être sèche et présenter un aspect brillant ; par l'effet de la contraction du sirop en se solidifiant, il a dû se produire à cette surface une légère dépression, des crevasses s'y sont formées. 36 heures environ après l'empli, la température des formes n'étant plus qu'à 20 degrés à-peu-près, on les transporte dans une partie de la fabrique appelée la *purgerie*. On a disposé préalablement dans cette pièce un nombre de pots égal à celui des formes que l'on a remplies. Ces pots sont en terre; ils doivent avoir une assiette large et leur ouverture assez grande pour recevoir la pointe de la forme à quelques pouces de profondeur; ils peuvent contenir environ les deux tiers de la mélasse qui doit s'écouler des pains, c'est-à-dire de 15 à 20 litres.

Après avoir retiré le bouchon qui ferme l'ouverture pratiquée à la pointe de la forme, on place celle-ci sur un pot. La mélasse qui s'écoule au premier moment de l'opération est assez abondante pour qu'il soit nécessaire de visiter fréquemment les pots, afin de changer ceux qui seraient pleins. Dans les quinze premiers jours, les pains donnent à-peu-près les deux tiers de la mélasse qu'ils contiennent. Pour faciliter leur écoulement, en entretenant leur fluidité, on soutient la température de la purgerie à 12 ou 15 degrés.

Pour hâter la séparation des dernières mélasses, qui ne se fait que très-lentement, on porte les formes dans une autre pièce que l'on peut élever à une température de 40 à 50 degrés; là on les place sur de nouveaux pots, après avoir enfoncé dans la pointe du pain un poinçon en fer pour la percer, dégager l'ouverture, et faciliter l'écoulement de la mélasse; cette opération se renouvelle toutes les fois qu'on s'aperçoit qu'une forme ne coule pas. Après avoir séjourné encore quinze jours dans cette seconde pièce, les pains sont secs, et on peut les retirer. Pour cela, après avoir dégagé avec un couteau la base du pain des parois de la forme, on enlève celles-ci de dessus les pots, on les pose sur le plancher, leur pointe en haut, et on les laisse dans cette position pendant une couple d'heures. Alors, saisissant la pointe de la forme, on lui imprime un balancement qui le fait se détacher, et tomber par son propre poids; c'est là ce qu'on appelle *locher* les pains; on enlève alors la forme.

L'aspect que présente le pain est celui d'un cône d'une couleur rousse, dont la teinte va graduellement, en se fonçant, de la base à la pointe. Toutes les têtes des pains, qui conservent toujours de l'humidité et une portion de mélasse qui les colore et les rend visqueuses, sont coupées et jetées dans une même forme pour s'égoutter; on les fait rentrer dans le sirop en clarification. Les mélasses qui s'écoulent des formes sont réunies pour être concentrées et cuites de nouveau, afin d'en retirer tout le sucre cristallisable qu'elles ont entraîné, et qui s'élève quelquefois au sixième du sucre que l'on a déjà obtenu. Dans quelques fabriques, on recuit les mélasses à mesure de leur écoulement; dans d'autres, on les conserve pour ne les traiter que lorsque les travaux d'extraction sont achevés. Pour cela, on les met dans des réservoirs, ou même des tonneaux placés dans des caves ou des endroits frais, pour y être reprises plus tard. Cette dernière méthode a l'avantage de ne pas exiger des appareils particuliers, de ne pas interrompre la série des opérations; mais elle exige des vases pour renfermer les mélasses, et des magasins pour les conserver. En outre, suivant que la saison est plus ou moins favorable, les mélasses courront le risque de subir des altérations; dans tous les cas, on les traite de la même manière, c'est-à-dire qu'elles sont évaporées pour présenter les mêmes caractères que le sirop de première cuite; leur cuite doit être poussée un peu plus loin que celle du sirop neuf; les pains qu'elles fourniront exigeront aussi un peu plus de temps pour leur épuration. Quelques fabriques sont dans l'usage de les clarifier avec une petite quantité de noir animal; mais alors, si elles marquaient plus de 24 degrés à l'aréomètre, il faudrait y ajouter de l'eau pour les ramener à cette densité; sans cette précaution, il deviendrait très-difficile de les filtrer. Les mélasses que l'on obtient d'une seconde cristallisation ont une saveur âcre, et ne peuvent servir qu'à la distillation.

Le mode de cristallisation que suivait

Achard est tellement différent de celui que nous avons décrit, que nous croyons faire plaisir à nos lecteurs, en le reproduisant ici.

Achard, ainsi que nous l'avons déjà dit, concentrait ses sirops, en chauffant les chaudières qui les contenaient au moyen de la vapeur, il empêchait par-là la transformation d'une partie du sucre cristallisable en sucre incristallisable, ainsi que cela a lieu par une trop longue exposition sur le feu; mais il était tout-à-fait impossible, par cette méthode, de pousser la cuite au point que nous avons dit qu'on le pratique, c'est-à-dire, à marquer 90 degrés au thermomètre, en sorte qu'au point de concentration où il pouvait faire arriver ainsi ses sirops, Achard n'aurait obtenu qu'une très-petite quantité de cristaux. Pour suppléer à ce défaut de vaporation suffisante, il portait son sirop dans des vases présentant une grande surface; le sirop concentré à 28 degrés à l'aréomètre, était distribué dans ces vases, en couches très-minces, puis exposé dans une étuve à air chaud. Il se produisait une évaporation lente du liquide, et le fond et les parois des vases se recouvraient d'une couche de cristaux presque semblables à ceux qui constituent le sucre candi. On brisait ces couches à mesure de leur formation, et, quand on avait une quantité suffisante de cristaux, on les jetait dans des formes semblables à celles que nous avons décrites, pour faire égoutter la mélasse. Cette opération demandait un temps considérable, des vases évaporatoires nombreux, et des étuves très-vastes; aussi serait-il tout-à-fait impossible de suivre cette méthode dans une exploitation un peu considérable; nous n'en avons parlé que pour dire ce qui a été fait.

M. Mathieu de Dombasle s'est servi, pendant long-temps, d'un appareil chauffé à la vapeur, pour achever la concentration de ses sirops, lesquels marquaient 32°. Voici en quoi consistait son appareil.

Sur une feuille horizontale de cuivre, de quinze pieds de longueur sur quatre de largeur, dont les bords étaient relevés, il plaçait une couche de sirop à 32.°, d'un pouce et demi d'épaisseur environ. Cette feuille était fixée sur un châssis de bois, et soutenue par des barreaux de fer, de six en six pouces. Le tout était établi au-dessus d'une chaudière qui fournissait de la vapeur, sur une maçonnerie. L'auteur, qui accorde à cette méthode de grands avantages sur toutes les autres, reconnaît cependant qu'elle exige un vaste emplacement et un grand nombre de chaudières, puisque le sirop doit rester douze, dix-huit, et même quelquefois vingt-quatre heures, pour parvenir au point de concentration où il pourra cristalliser.

Question économique.

Il n'existe peut-être pas de fabrication sur laquelle des circonstances locales, ou des manipulations conduites avec plus ou moins d'habileté, aient autant d'influence pour la question économique, que sur l'extraction du sucre de betteraves. Aussi, les différences, souvent très-considérables, que l'on remarque dans tous les comptes que l'on a établis de cette fabrication, ont-elles contribué à mettre en doute si cette opération était réellement avantageuse. Il résulterait, en effet, des comptes de certains fabricans, que le sucre de betteraves leur reviendrait plus cher que celui des colonies, tandis que ceux de quelques autres n'établiraient le prix de ce même sucre qu'à 60 centimes le kilogramme; ce qui présenterait même, au prix actuel des sucres, de très-beaux bénéfices.

Ces différences tiennent évidemment à l'influence du sol et de la culture sur la richesse en sucre des racines, à la perfection des appareils qu'on emploie, de la méthode que l'on suit, à la cherté de la main-d'œuvre, du combustible, du parti plus ou moins avantageux que l'on tire des marcs et résidus de la fabrication, surtout si l'on travaille une quantité de racines beaucoup plus grande que celle qu'on récolte ; car nous verrons que l'emploi de la pulpe est d'une importance majeure. Or, les variations, dans les prix des racines d'une localité à l'autre, sont beaucoup plus considérables qu'on ne pourrait le croire ; c'est ce qu'on verra en jetant les yeux sur l'extrait suivant d'un tableau que donne, dans son ouvrage, M. Dubrunfaut.

Prix auquel reviennent 500 *kilogrammes de betteraves, dans différentes localités.*

A MM. Mathieu de Dombasle, près de Nancy, département de la Meurthe. .	14 f	50
Masson, à Pont-à-Mousson, Meurthe. *Idem.*	8	60
André. *Id.*	7	95
Crespel-Delisse, à Arras, Pas-de-Calais.	7	50
Caffler, à Dorignies, près Douai, Nord	6	65
Le duc de Raguse, à Châtillon-sur-Seine.	8	40
Le comte Chaptal, à Chanteloup .	9	20
Le général Préval, près Blois. .	9	»
Grenet-Pelé, à Toury, près Orléans	6	25
Demars, à Aubervilliers, près Paris.	10	»

On conçoit que de semblables différences dans le prix des matières premières doivent en apporter dans celui des produits, tellement que cette fabrication pourra prospérer dans une localité, et être passive dans une autre.

Le compte de fabrication que donne M. Chaptal dans sa *Chimie appliquée à l'Agriculture*, présente dans ses résultats un juste milieu sur l'exactitude duquel on doit d'autant plus se fonder, que l'auteur a fabriqué plus long-temps, et n'a rien rapporté qu'il n'eût constaté par expérience, sans établir aucune donnée conjecturale; nous croyons utile de le reproduire ici textuellement avec tous ses *détails*.

Dépenses d'une Sucrerie.

M. Chaptal suppose que, pour approprier un local à la fabrication de dix milliers de betteraves par jour, il faut donner 20,000^{f}; il réduit cette dépense à 16,000^{f}, si l'on a à sa disposition un cours d'eau et un pressoir à vin. Il établit à 10^{f} le millier les betteraves, afin, dit-il, que, dans aucun cas, l'agriculteur ne puisse être lésé.

1.° Douze milliers de betteraves employées chaque jour à l'épluchement pour en avoir 10 à soumettre à la râpe. . . . 120^{f} »^{c}

2.° Epluchement des 12 milliers

A reporter . . . . . . 120 »

	fr.	c.
Report	120	»
de betteraves, à raison de 60c le millier.	7	20
3.° Salaire de huit femmes employées à servir les râpes, à transporter les betteraves, etc., à raison de 60 c par jour	4	80
4.° Deux chevaux et leur conducteur employés au manège. . .	7	25
5.° Deux hommes aux presses. .	2	50
6.° Un surveillant aux râpes et aux presses	1	25
7.° Deux hommes aux chaudières	2	50
8.° 50 kilog. de charbon animal employé par jour.	13	»
9.° Consommation du charbon de terre	20	25
10.° Traitement par jour du chef raffineur	10	»
11.° Traitement du sous-chef. .	2	25
12.° Eclairage des ateliers. . .	1	50
Total.	192	50
Ces dépenses ne comprennent que celles d'un jour de travail, et, en supposant que l'exploitation des betteraves dure cent jours, la dépense s'élevera à	19,250	»
A reporter.	19,250	»

Report		19,250	»

M. Chaptal, raffinant son sucre, y ajoute :

1.° Traitement du raffineur	1,000f		
2.° *Idem*, du sous-chef.	500		
3.° *Id.*, d'un homme de peine	250		
4.° Pour charbon animal	300	2,900	»
5.° Pour charbon de terre	700		
6.° Pour blancs d'œufs	100		
7.° Terre à blanchir .	50		

Il faut encore ajouter les dépenses suivantes :

1.° Pour intérêts de la mise de fonds employée à meubler l'atelier.	1,200	»
2.° Pour remplacement et réparations aux ustensiles de tout genre	1,500	»
3.° Pour achat de toiles pour les presses, de draps pour les filtres, et d'autres petits objets .	700	»
Total.	25,550	»

Produits.

La cuite des sirops provenant de l'exploitation de dix milliers de betteraves épluchées, remplit huit formes bâtardes, dont chacune contient 22 et demi kilogrammes de beau sucre brut ; ce qui fait . . . . 180 k.

La cuite des mélasses provenant des huit grandes bâtardes fournit le sixième du sucre obtenu par la première opération 30

210 k.

Ces 210 kilogrammes de sucre brut produisent au minimum par le raffinage, 1.° 40 pour 100 de très-beau sucre royal ; 2.° 15 pour 100 de sucre de qualité inférieure provenant de la cuite des sirops et mélasses. Total, 55 pour 100.

Produit principal.

On obtient donc,

En sucre, 1.e qualité.	84 k. à 2 f. 50.		210 »
En sucre, 2.e qualité	30 k. à 2 f. 25.		67 50
Dix milliers de betteraves exploitées par jour produisent,			
1°. En marc. .	1250 k.	T. 30 »	44 50
2.° En épluchures de 12 mill.	1000 k.	2 50	
3.° En mélasses.	130 k.	12 »	
Total.			322 »

Tel sera donc le produit d'un jour, qui, multiplié par 100, nombre des jours de travail.	32,200 »
dont il faut déduire la somme des dépenses.	25,550 »
Reste pour bénéfice.	6,650 «

Compte de fabrication de M. Mathieu de Dombasle.

M. Mathieu de Dombasle établit ce compte pour une manufacture montée pour une fabrication de 30 milliers de betteraves par jour, c'est-à-dire, 4,500,000 livres en 150 jours de fabrication annuelle.

Il compte le prix d'achat de la manufacture, tant en bâtimens que machines et ustensiles, y compris ceux qui sont nécessaires pour le raffinage, à . . .	70,000 f
Frais.—Prix de 4,500,000 livres de betteraves, à 15f le millier, .	67,500
Bois, 800 cordes à 24 francs. .	19,200
Entretien de huit chevaux et deux hommes pendant 150 jours, à 20f par jour, ...	3,000
Acide sulfurique, chaux, terre à terrer, sang de bœuf, papier bleu, ficelle, ...	1,380
Charbon animal	7,000
A reporter	168,080

Report	168,080 f
Eclairage.	800
Filtres de laine et de coton. . .	400
Toiles pour presses	300
Entretien des machines, ustensiles et bâtimens ; impositions. .	5,000
Menus frais de bureaux, dépenses imprévues.	2,000

Appointemens et Salaires.

Un directeur.	3,000
Deux commis à 600 francs. .	1,200
Un raffineur.	2,400
Quatre chefs ouvriers à 500 fr.	2,000
Main - d'œuvre journalière, soixante-deux hommes et deux femmes pendant 150 jours, à raison d'un franc vingt centimes pour les hommes, et un franc pour les femmes	11,000
Intérêt de la mise de fonds à 6 pour 100	12,000
Total	208,180 f

Produit. — A raison de 2 pour 100, 90,000 liv. de sucre raffiné, qui reviendra ainsi à 1 franc 53 centimes la livre, *sans comp-*

ter la valeur des produits accessoires de la manufacture.

Le sucre raffiné vaut aujourd'hui à Paris 2f 40c à-peu-près le kilogramme, et l'on fabrique du sucre de betteraves avec de grands bénéfices. Cette objection, comme le fait très-judicieusement remarquer M. Dubrunfaut, en discutant ce même compte, est la correction la plus positive et la plus brève qu'on puisse faire au compte de M. de Dombasle, dont tous les frais, notamment le prix des betteraves, sont fortement exagérés, tandis que les produits sont diminués, quelques-uns même, tels que les pulpes et les mélasses, totalement omis.

M. Mathieu de Dombasle les comprend pour une somme de 30,000 francs à peu près; en supposant même qu'on distille les dernières, et qu'on engraisse des bestiaux avec les marcs; mais il ajoute que chaque genre d'industrie qui exige des soins et des capitaux particuliers, doit avoir son compte à part. Ceci ne nous paraît pas exact, car ces produits ont une valeur qui entre comme mise de fonds dans ce second quart de fabrication.

Compte de fabrication de M. Crespel, d'après M. Dubrunfaut.

Frais pour 1000 *kilogrammes.* Valeur des racines	15 f
Main-d'œuvre.	12
Autres frais	12
Ensemble.	39
Produit de 1000 *kilogr.* Sucre brut. 5 pour 100 sur 1000 kilog.—50 kilogrammes à 140 f.	70 f
Mélasse, 40 kilog. à 8f le o/o. . .	3 20
Pulpe, 300 kilog. à 15f du mille. .	4 50
Ensemble.	77 70
Frais à déduire.	39 »
Bénéfice.	38 70

Dans cette hypothèse, la valeur du kilogramme de sucre brut, en déduisant 7f 70c pour la valeur des pulpes et des mélasses, des 39f de frais, et divisant la somme restante 31f 30 par 50, nombre des livres de sucre $\frac{39-7.70}{50}$ = 62 centimes.

M. Dubrunfaut a établi la question économique d'une fabrique qui travaillerait quatre millions de kilogrammes de betteraves, et il est arrivé à ce résultat remarquable que, dans une exploitation semblable où l'on aurait adopté la méthode du travail continu, c'est-à-dire travaillant jour et nuit, ainsi que cela se pratique dans toutes les sucreries de l'Amérique, le sucre brut ne reviendrait qu'à 53 centimes à peu près. Quelque soin qu'ait pris l'auteur pour mettre ce compte à l'abri de toute objection, nous n'en regardons pas moins les données comme très-hypothétiques, parce qu'elles n'ont pas encore reçu la sanction de l'expérience. Le travail des fabriques les plus considérables de sucre de betteraves n'excédent pas deux millions de kilogrammes, et les données sur lesquelles sont basés ses calculs peuvent varier beaucoup suivant les circonstances et les localités.

Nous terminerons ce que nous avions à dire sur la betterave, en faisant remarquer de quelle importance sont dans cette fabrication les résidus que l'on obtient, puisque, dans le compte de M. Chaptal, leur valeur entre en déduction d'environ un quart des frais, et d'un cinquième dans celui de M. Crespel; on pourrait en dire autant des mélasses : il est facile de juger par-là que le parti plus ou moins avantageux que pourra tirer une fabrique de ses résidus influera considérablement sur ses bénéfices, et partant, sur sa prospérité.

Du raffinage.

En discutant les raisons qui nous ont porté à admettre que le sucre était connu des anciens, nous avons dit, en même temps, que la substance à laquelle ils donnaient ce nom n'était qu'une véritable moscouade ; ce n'est, en effet, que vers le cinquième siècle de notre ère, qu'il est fait mention, dans les auteurs, de la fabrication du sucre cristallisé chez les Arabes. Moïse de Chorène, dans sa description de la province de Chorasan, dans la Perse, vante le sucre précieux qu'on y fabrique. (1) Il paraît constant que les Vénitiens furent les premiers qui raffinèrent le sucre en Europe ; ils imitèrent d'abord les Arabes, et vendirent le sucre qu'ils purifiaient à l'état du sucre candi ; ils adoptèrent ensuite les cônes, et donnèrent au sucre la forme de pain, ainsi qu'on le fait encore aujourd'hui. De Venise, l'art de raffiner le sucre se répandit en Allemagne, et, en 1573 et 1597, on comptait déjà plusieurs raffineries, tant à Dresde qu'à Augsbourg ; l'établissement des raffineries, en Hollande, date de 1648 : ce ne fut que beaucoup plus tard

---

(1) Kurt-Sprengel : *Historia rei Herbariæ*. Tom. I, pag. 170.

qu'il s'en forma à Hambourg. Ce furent des Allemands qui portèrent cette industrie en Angleterre, dans l'année 1659.

Les colonies françaises apprirent, des Hollandais et des Portugais, les procédés de raffinage du sucre, vers l'an 1693. Les Français ne tardèrent pas à égaler leurs maîtres, et les raffineries d'Orléans rivalisèrent avec celles de Hambourg. Aujourd'hui, l'art de raffiner le sucre n'est plus, comme autrefois, particulier à quelques localités; partout où l'on suivra avec soin et intelligence les procédés propres à y parvenir, on obtiendra du sucre raffiné de telle qualité qu'on voudra. Cependant, les sucres qui sortent des raffineries de Paris l'emportent, à tous égards, non-seulement sur ceux raffinés en France, mais encore à l'étranger.

Les colonies nous fournissent, 1.° du sucre brut ou moscouade; 2.° du sucre passe ou cassonnade grise; 3.° du sucre terré ou cassonnade blanche; 4.° du sucre raffiné et pilé; celui que donnent les fabriques indigènes, que l'on a extrait de la betterave, est du sucre brut.

Dans ces différens états, le sucre ne serait point propre à tous les usages auxquels on l'emploie; il est mêlé avec quelques matières étrangères, et sali par une quantité, souvent très-considérable, de mélasse, qui le colore d'une teinte plus ou moins foncée, et lui donne une saveur et un goût désagréables. Les sucres des colonies, qui sont toujours traités avec un grand excès de chaux, renferment presque toujours des proportions assez grandes de cet alcali, pour qu'il soit facile d'en reconnaître la présence à leur âcreté. Outre la nécessité de séparer ces différentes substances, il faut encore que le sucre acquière une grande blancheur, un grain fin et sucré, de la dureté et un éclat cristallin : ces qualités ne constituent pas un sucre plus parfait qu'un autre ; mais elles sont recherchées par les consommateurs ; et c'est dans les manipulations auxquelles il doit être soumis pour les acquérir que consiste l'art de le raffiner.

Les opérations du raffinage ont été considérablement simplifiées par l'application du charbon animal à la purification des sucres. Avant son emploi, toutes les espèces de sucre qui venaient des colonies ne pouvaient point entrer dans la fabrication du sucre en pain, et l'on avait soin de traiter à part les moscouades et les cassonnades blanches. D'après ce que nous avons dit, dans la première partie de cet ouvrage, sur le travail des purgeries dans les colonies, et la manière dont on remplit les barriques, on conçoit que le sucre qu'elles contiennent peut offrir différentes nuances dans une même barrique. A leur réception, il fallait donc les ouvrir et séparer le plus exactement possible les différentes qualités de sucre pour les mettre chacune dans un bac particulier; c'est ce qu'on appelait *faire le tri.* Aujourd'hui, cette opération est devenue tout-à-fait inutile, et nous ne sachions pas qu'elle soit en usage dans aucune raffinerie; on se contente, lorsqu'on a à traiter des sucres bruts et des sucres terrés, de le faire séparément, les premiers exigeant toujours des proportions un peu plus fortes des agens clarifians et un temps plus long pour leur terrage. Au surplus, c'est au raffineur à juger quelles sont les qualités de sucre qu'il peut mélanger, et dans quelle proportion il doit les mettre pour obtenir un sucre d'une qualité déterminée; un peu d'habitude le mettra à même de se décider à cet égard, et de pouvoir préciser par avance les résultats.

Avant de donner la description des procédés employés actuellement pour le raffinage du sucre, il est convenable de rappeler ceux que l'on suivait autrefois. La chaudière à clarifier dans laquelle le sucre subissait la première opération était cylindrique, à fond plat; elle avait quatre pieds et demi environ de diamètre, et une profondeur égale : on augmentait presque du double la capacité de cette chaudière, par un glacis ou une bordure en feuilles de cuivre, qui se rattachait avec elle par des crampons de fer.

Après avoir rempli la chaudière d'eau de chaux à-peu-près aux deux tiers de sa hauteur, on y ajoutait le sucre brut, apporté par deux ouvriers, dans des baquets à anses. On agitait le mélange, pour hâter la dissolution du sucre et prévenir sa précipitation au fond de la chaudière; on se servait, pour cela, d'une grande spatule de bois ayant la forme d'une rame, et qu'on appelait *mouveron*; ce mouveron avait au moins huit pieds de longueur : on avait allumé le feu pendant qu'on remplissait la chaudière. Quand le liquide commençait à s'échauffer, c'est-à-dire après une heure environ, on versait dans la chaudière deux litres de sang de bœuf, et l'on continuait pendant quelques minutes à faire agir le mouveron, et l'on laissait ensuite en repos le liquide, dont la surface commençait à se recouvrir d'une couche d'écume. Au moment où l'on s'apercevait que la chaudière allait entrer en ébullition, on arrêtait le feu, afin de laisser les écumes se séparer; car, par le mouvement du bouillon, elles seraient rentrées dans la masse du liquide, et la clarification n'aurait pas pu s'effectuer commodément. Les matières terreuses mêlées accidentellement dans le sucre, se précipitaient au fond de la chaudière. Lorsqu'on pensait que toutes les écumes s'étaient rassemblées à la surface du liquide, et qu'elles paraissaient noires et sèches, un ouvrier, armé d'une grande écumoire, appelée *écumeresse*, les enlevait avec précaution, et les jetait dans un baquet placé à côté de la chaudière. Après avoir enlevé ces premières écumes, on s'assurait si la clairée était bien clarifiée; pour cela, l'ouvrier, après avoir plongé son écumoire dans le liquide, la retirait, et l'opposant au jour, il regardait si le sirop qui en découlait offrait une limpidité parfaite; si le liquide présentait encore des parcelles d'écumes, s'il avait un aspect louche, on achevait la clarification, on donnait des *couvertures*, c'est-à-dire qu'on ajoutait de nouveau un litre de sang délayé dans six à huit litres d'eau. On examinait aussi quelquefois le liquide en en prenant un peu dans une cuiller d'argent, ou de tout autre métal bien propre.

Lorsqu'on voulait relever la blancheur du sucre par une légère nuance d'azur, on jetait à ce moment dans la chaudière un peu d'indigo superfin réduit en poudre impalpable, qu'on avait fait passer avec de l'eau au travers d'une étoffe de laine pour en séparer les parties les plus grossières : dans quelques fabriques, au lieu d'indigo, on se servait de bleu de cobalt.

Le sucre, parvenu à une transparence parfaite, devait passer dans la chaudière à clairée ; à cet effet, on établissait sur celle-ci deux barreaux en fer qui la traversaient et portaient une caisse oblongue, ou un grand panier d'osier, dit *panier à passer* ; ce panier était doublé intérieurement d'un blanchet en étoffe de laine, au travers duquel devait passer le sirop qu'on y faisait arriver au moyen d'une gouttière, ou que l'on versait avec des seaux. Le sirop abandonnait à la surface du blanchet les matières terreuses et les impuretés échappées à l'écumoire. A ce moment, on ajoutait, en les versant également sur le blanchet, les sirops fins que l'on voulait faire rentrer dans le sucre. (1) Les matières déposées par le sucre ne tardaient pas à encrasser le blanchet, qu'il fallait alors nécessairement changer ; dans quelques raffineries on se servait d'une grande pièce de drap de cinq quarts de large, ployée en zig-zag dans une caisse ; quand une portion était encrassée, on la tirait un peu pour en faire arriver

---

(1) Nous verrons plus tard, dans la description des opérations du terrage, ce qu'on entend par *sirop fin*.

une autre au fond du panier, et l'on pouvait faire suivre ainsi toute la longueur de la pièce. L'eau de chaux employée dans cette première opération n'était pas indispensable, on la remplaçait souvent par de l'eau pure; on avait remarqué cependant que la présence d'une petite quantité de chaux dans le sirop facilitait les opérations en contribuant à la formation du grain.

Le sirop repris dans la chaudière à clairée, soit avec une pompe, soit avec des bassins, était porté dans la chaudière à cuire. Cette chaudière, dont les dimensions étaient égales à celles de la chaudière à clarifier, si ce n'est qu'elle n'avait pas de bordure; était remplie à moitié avec du sucre clarifié. On allumait alors le feu, que l'on poussait d'abord vivement afin de porter le plus promptement possible le liquide à l'ébullition, et rendre l'évaporation plus rapide.

Le liquide arrivé au point d'ébullition, on modérait le feu pour que le sirop qui se boursoufle beaucoup ne se répandît pas par-dessus les bords. Si le sucre montait trop, l'ouvrier jetait dans la chaudière un peu de beurre pour abaisser le bouillon; car il était nécessaire de tenir le bouillon bas, et le sucre, en s'élevant au-dessus du fond de la chaudière plus directement exposé à l'action de la chaleur, retardait nécessairement l'évaporation, et le sucre restait plus long-temps sur le feu, tandis que la cuite devait s'effectuer en une demi-heure au plus. Quand le raffineur jugeait que le sucre était parvenu au point convenable de concentration, il s'en assurait, en prenant la preuve; cette preuve est celle que nous avons décrite sous le nom de preuve *au filet*, lorsque nous avons parlé de la cuisson du sucre de betterave. Le sucre cuit était porté dans les rafraîchissoirs; la suite des opérations n'ayant pas subi de changemens, nous la reprendrons quand nous aurons décrit la série des procédés usités actuellement pour la clarification du sucre.

Les écumes enlevées à l'écumoire dans la chaudière à clarifier, et celles qui restaient sur le filtre étaient réunies, mises de nouveau avec de l'eau de chaux dans une chaudière, et ensuite jetées sur un filtre en forte toile; ce qui restait sur le filtre était pressé pour en faire sortir tout le liquide, et l'eau servait dans les clarifications suivantes à dissoudre le sucre brut.

Clarification suivant les nouveaux procédés.

Les chaudières dont on se sert dans ce mode de clarification, sont semblables à celles que nous avons décrites en parlant de l'ancien procédé; seulement elles n'ont ni glacis, ni bordure. On y verse de l'eau pure environ aux deux tiers de leur hauteur, et on y ajoute une quantité de sucre brut suffisant pour faire une dissolution qui marque de 30 à 32 degrés à l'aréomètre; cette densité de la dissolution varie suivant la qualité du sucre: les sucres gras ne pouvant être portés au-delà de 30 degrés, tandis qu'on en peut donner jusqu'à 32 aux sucres secs. Ces chaudières portent à leur fond un robinet qui doit servir à les décharger entièrement. Après avoir mis dans la chaudière les quantités d'eau et de sucre convenables, on y ajoute du charbon animal dans la proportion de 4 à 5 pour cent du sucre, et l'on allume le feu. On brasse le liquide avec soin et à plusieurs reprises avec le mouveron pour répartir uniformément le charbon dans toute la masse. Lorsque le sirop est arrivé à l'ébullition, on entretient cette température pendant une heure environ. Il s'élève à la surface du liquide une couche volumineuse d'écume, on a soin de ménager le jus pour qu'elle ne passe pas par-dessus les bords de la chaudière. Pendant ce temps, on a délayé dans un baquet quelques litres de sang de bœuf, qu'on jete dans la chaudière, en ayant soin de mouver fortement durant quelques minutes; l'ébullition arrêtée par l'addition de ce liquide, ne tarde pas à reparaître, on la maintient pendant un quart-d'heure, après quoi, on ouvre le robinet pour faire couler le tout sur les filtres, et l'on remplit de nouveau la chaudière pour une seconde clarification.

Les filtres sont de grandes caisses rectangulaires ayant jusqu'à quinze pieds de longueur, sur trois à-peu-près de hauteur, dont les parois sont revêtus de feuilles de cuivre; leur fonds est à claire voie; ces caisses sont garnies intérieurement d'une étoffe de laine forte et bien drapée; elles sont placées au niveau du sol au-dessus d'une citerne ou réservoir destiné à recevoir tous les sirops clarifiés, et qu'on appelle pour cela *réservoir à clairée*. Le nombre des filtres varie suivant l'importance de la raffinerie.

Un ouvrier élève, au moyen d'une pompe, la clairée du réservoir dans un bassin supérieur, d'où il peut couler dans les chaudières à cuire. On a généralement adopté dans les raffineries les chaudières à bascule pour cuire le sirop; elles offrent sur les anciennes chaudières fixes de très-grands avantages. Ainsi, lorsqu'on retire d'une de ces anciennes chaudières le sirop cuit, la partie de la chaudière qu'abandonne le liquide en s'abaissant, est recouverte d'une couche de sucre qui se trouve soumise à une température suffisante pour le décomposer; en sorte que l'opération suivante se trouve salie par ce sucre brûlé; la chaudière elle-même finit, au bout de très-peu de temps, par éprouver une détérioration sensible. Ces inconvéniens ne peuvent pas avoir lieu avec une chaudière à bascule qui n'a aucune de ses parties exposées au feu quand on en retire le sirop.

Les chaudières à bascule, employées dans les raffineries, sont en tout semblables à celles que nous avons décrites en parlant de la cuisson du sucre de betteraves. Nous renvoyons donc nos lecteurs à la description que nous en avons précédemment donnée.

L'ouvrier chargé de la cuite remplit sa chaudière en ouvrant un robinet qui amène la clairée du réservoir dans lequel on l'a élevée; ce robinet est placé assez haut pour ne point gêner le mouvement de bascule de la chaudière, et pour que le sirop, en tombant de cette hauteur, ne rejaillisse pas, on le fait couler dans un tuyau en toile qui descend du robinet dans la chaudière. On pourrait encore placer le robinet très-bas, en lui donnant la disposition d'un col de cygne qui se fermerait en tournant verticalement. La hauteur du sirop cuit ne doit pas excéder quatre pouces. Le point de cuite se reconnaît quelquefois comme dans la méthode précédente, par la preuve au filet, mais plus souvent par celle du soufflé dont nous avons déjà indiqué les caractères.

Le principal mérite d'un ouvrier chargé de cuire les sirops est de saisir d'une manière précise et constante le point de cuite convenable, suivant les différentes qualités du sucre. Il lui faut beaucoup d'habitude, de tact et d'attention, pour ne pas s'y tromper, la formation du grain étant tout à fait dépendante d'une cuisson plus ou moins parfaite. Ainsi, lorsque le sirop n'est pas assez concentré, le grain ne se formera qu'en très-petite quantité, et celle de sirop qui s'écoulera sera d'autant plus abondante. Si au contraire la cuisson est trop forte, le sucre se prendra en masse, et les parties liquides s'en détacheront difficilement, et pourront même être engagées de telle sorte dans son intérieur à ne pas s'en séparer.

Nous devons rappeler ici l'observation déjà faite dans le cours de cet ouvrage, de l'avantage qu'il y aurait à déterminer le point de cuite au moyen du thermomètre, ou tout au moins de le faire servir à annoncer que le point de cuite approche, et qu'il est temps de prendre la preuve.

Quoi qu'il en soit, le sucre jugé cuit coule de la chaudière à bascule dans l'empli. Le charbon animal, mêlé aux matières albumineuses et aux impuretés qui se trouvaient dans le sucre, et dont il l'a dépouillé, est lavé à grande eau et jeté sur un filtre particulier; l'eau qui s'en écoule sert dans les opérations suivantes de clarifications à dissoudre le sucre brut; le charbon lui-même rentre pour une partie de celui que l'on emploie dans cette opération.

Il est facile de voir que cette méthode a sur l'ancienne de grands avantages; elle dispense de la manœuvre pénible et presque toujours imparfaite de l'écumage, on n'a plus besoin de traiter des masses d'écumes, ainsi que cela avait lieu dans les raffineries.

Le sucre brut, à son arrivée en Europe, contient une quantité plus ou moins grande d'acide acétique qui s'y est développé pendant la traversée par la fermentation d'abord alcoholique, et ensuite acide d'une partie des mélasses; cet acide nuirait beaucoup aux opérations du raffinage. Le carbonate de chaux qui fait partie du charbon animal du commerce, peut-être aussi l'ammoniac qui s'y rencontre, quand ce charbon n'a pas été fortement calciné, paraissent agir en saturant cet acide; cette dernière substance agit également sur la matière visqueuse en la rendant plus fluide. Dans quelques raffineries où l'on a très-bien reconnu cette acidité du sucre, et la propriété qu'a la chaux de la faire disparaître, on a conservé de l'ancien procédé l'habitude de le faire dissoudre dans de l'eau de chaux, au lieu de se servir d'eau pure. Mais cette méthode est à-peu-près inutile, aujourd'hui qu'il est reconnu que le charbon animal jouit de la propriété de saturer l'acide. On sait de plus qu'il peut précipiter les sels et les alcalis des liquides qui les tiennent en dissolution, en sorte qu'il agit également de cette manière dans les sirops qui tiendraient de la chaux en dissolution. Les propriétés décolorantes du charbon contribuent aussi à diminuer le nombre et la durée des opérations, et donnent la facilité d'obtenir des pains de sucre très-beaux avec des sucres qui n'en avaient fourni autrefois que d'une qualité très-inférieure.

Nous avons dit que le sirop cuit coulait des chaudières dans le rafraîchissoir qui se trouve placé dans l'atelier qu'on désigne sous le nom d'*empli*. On a quelquefois plusieurs rafraîchissoirs ; cela dépend de la quantité de sucre sur laquelle on opère : ce sont de vastes bassins en cuivre qui peuvent recevoir plusieurs cuites. Lorsque la première cuite est arrivée dans le rafraîchissoir, on l'agite fortement avec un mouveron pour déterminer et faciliter la formation du grain ; il ne tarde pas en effet à s'établir à la surface du liquide une croûte de quelques lignes d'épaisseur ; le fond et les parois se recouvrent également de cristaux; quand on a versé la seconde cuite, on agite pour opérer le mélange des deux; on renouvelle cette agitation à chaque nouvelle cuite, afin que la masse liquide soit un tout bien homogène. Dans l'espace de temps qui s'écoule entre une cuite et la suivante, il se forme presque toujours une croûte qui, par ces différentes agitations, est brisée, et qui, en se précipitant, sert de noyau à de nouveaux cristaux. Lorsque la dernière cuite a été versée, l'on détache avec le mouveron, ou une spatule en fer, le grain qui s'est attaché tant au fond que sur les parois du rafraîchissoir, on agite avec soin pour le mêler avec le sirop et le maintenir en suspension pendant tout le temps que l'on met à remplir les formes.

La beauté et la perfection des produits dépendent en grande partie de cette agitation du sirop dans le rafraîchissoir; si le liquide n'a pas été convenablement agité, le grain du sucre raffiné sera gros et poreux; sa teinte même ne sera jamais d'un blanc aussi éclatant. Le grain sera au contraire brisé, si l'agitation a été violente et trop long-temps prolongée: le sucre, quoique très-doux, n'aura pas de densité, ni de brillant.

Il est indispensable d'avoir, dans les raffineries, des formes de différentes grandeurs, suivant la qualité du sucre que l'on veut mettre en pain ; ainsi on connaît six espèces de formes, savoir :

Le *petit deux*, qui a onze pouces de haut et cinq de diamètre à sa base ;

Le *grand deux*, qui a dix-huit pouces de haut et six de diamètre ;

Le *trois*, qui a dix-sept pouces de hauteur et sept et demi de diamètre ;

Le *quatre*, dix-neuf pouces de hauteur, huit de diamètre ;

Le *sept*, vingt-trois pouces de hauteur, dix de diamètre ;

Les *bâtardes* ou *vergeuises*, trente pouces de hauteur, quinze de diamètre.

La grandeur de ces formes est réglée par la qualité du sucre qu'elles ont à recevoir ; les plus grandes servant pour les sucres les plus inférieurs, et les plus petites pour les sucres de plus belle qualité. Cependant les plus petites formes ne sont plus guère employées ; le *quatre* et le *sept* étant celles dont on se sert le plus communément pour les plus beaux sucres ; et les *bâtardes* ne recevant jamais que le sirop provenant de la recuite des mélasses.

La grandeur de ces dernières formes n'a point été prise arbitrairement, elle tient à la nécessité où l'on se trouve de pousser le point de cuite d'autant plus loin que le sirop est plus appauvri, et qu'il doit alors être mis à cristalliser en plus grande masse, parce que, dans les petites formes, il se prendrait en un magma épais qui ne se purgerait pas des mélasses qui y sont encore.

Deux ou trois jours avant de remplir les formes, on les a mis tremper dans le *bac à formes*; les neuves ont même besoin d'y séjourner plus long-temps, afin de les laisser s'imbiber complètement d'eau : lorsqu'on néglige cette précaution, le pain s'attache fortement à leur intérieur, et on ne peut le retirer qu'en le brisant. Pour garantir les formes des chocs, on les garnit extérieurement de quelques cerceaux qui servent aussi à les maintenir lorsqu'elles sont félées. Chaque forme doit être accompagnée d'un pot à fond large, dont l'ouverture ou collet peut recevoir la forme : la grandeur de ces pots est proportionnée à celles des formes qu'ils doivent porter. Quelques heures avant de remplir les formes, on les retire de l'eau, on les met égoutter, et l'on bouche avec du vieux linge ou une cheville le trou de leur pointe : c'est ce qu'on appelle *taper les formes*; on les porte ensuite à l'empli; là, on les range sur deux ou trois rangs, suivant leur grandeur, dans toute la longueur de l'empli. Tout étant convenablement disposé, les ouvriers présentent au rafraîchissoir le bassin, dit *bec de corbin*, dans lequel on met le sirop qu'ils vont verser dans les formes, en ayant soin de ne les remplir d'abord toutes qu'au tiers de leur capacité; c'est là la première *ronde* : à une seconde ronde, ils en ajoutent une quantité pareille, et ils achèvent de les remplir à la troisième. Ils s'arrangent de façon, à la dernière ronde, à répartir dans chaque forme une quantité à peu près égale du grain formé dans le rafraîchissoir, et qui, s'étant précipité malgré l'agitation, est puisé le dernier.

Les formes, ainsi remplies, sont abandonnées à elles-mêmes jusqu'à ce qu'il se forme à leur surface une croûte; alors, un ouvrier prend un instrument appellé le *couteau*; c'est une spatule en bois longue de quatre pieds, large d'un pouce et demi, et de cinq lignes d'épaisseur à son milieu; les bords étant légèrement évidés, l'ouvrier tient le couteau par un des bouts qui est arrondi; il l'enfonce jusqu'au fond de la forme; il le promène deux ou trois fois sur sa partie intérieure, pour en détacher les cristaux qui y sont adhérens : cette manipulation s'appelle *opaler;* on la répète une seconde fois une demi-heure ou trois quarts d'heure après la première. On a pour but, dans cette opération, de rendre le grain uniforme et serré dans toute la masse. Vingt-quatre heures environ après l'empli des formes, on les porte dans le *grenier aux pièces* ; là, après avoir enlevé le bouchon de linge qui fermait l'ouverture de la pointe, on introduit par celle-ci un poinçon auquel on donne le nom de *prime*, pour la dégager et faciliter l'écoulement de la mélasse ; ensuite on pose chaque forme, la pointe en bas, sur un pot.

Du moment où les formes débouchées ont été placées sur les pots, le sirop qui n'a pas cristallisé commence à s'écouler, et la partie supérieure du pain ou la *patte* ne tarde pas à subir un changement dans sa teinte. Après quelques heures, dix ou douze ou plus, de rouge qu'elle était, elle a passé au jaune clair tirant sur le blanc. Le poids des formes diminue en raison du sirop qui s'écoule ; mais celui-ci laisse des interstices vides entre les cristaux ; en sorte que le volume du pain est le même à l'état solide que celui qu'occupait le sucre quand on l'a versé liquide dans la forme. On doit avoir soin de changer les pots sur lesquels sont implantées les formes, à mesure qu'ils se remplissent.

Pour faciliter l'écoulement du sirop, on élève la température du grenier aux pièces en y faisant du feu ; en été, cet écoulement se fait très-bien à la température ordinaire.

Lorsqu'on juge que cet écoulement est achevé, ce qui a ordinairement lieu au bout de deux ou trois jours, on examine quelques pains : pour cela, après avoir détaché avec un couteau la base du bain des parois de la forme, on y pose dessus la paume de la main gauche ; on saisit, avec la main droite, la forme vers la pointe, et on la renverse la pointe en haut. Alors, en choquant la base de la forme sur un billot en bois, le pain s'en détache et tombe sur la main, il ne reste plus qu'à le sortir de la forme.

Si l'on trouve le pain de sucre bien uni à sa surface, que le grain soit bien perlé, si la tête où le sirop s'est rassemblé n'est point trop brune, que le pain présente une certaine consistance, on le juge en état de recevoir l'opération du terrage ; mais, auparavant, on doit *locher* les pains, c'est-à-dire les détacher de la forme. Cette opération se fait pour tous, comme nous venons de le dire, pour ceux qui servent à la vérification ; avec cette différence, cependant, qu'on ne les retire pas de la forme. Le sucre que l'on détache de la base avec le couteau est jetté dans une caisse, et réservé pour l'opération qui va suivre immédiatement.

Au fur et à mesure du lochage, les pains sont replacés sur les pots ; et, lorsque cette opération est finie, on procède de suite à celle qui a pour but de *faire les fonds*. Pour cela, après avoir pilé et passé au crible fin le sucre provenant du lochage, ou, à défaut d'une quantité suffisante de celui-ci, de la cassonnade blanche, on remplit le vide qui se trouve à la base de chaque forme, jusqu'à un demi-pouce au-dessous du bord, d'une couche de ce sucre en poudre; on l'unit parfaitement en le tassant avec une truelle appropriée à cet usage. Le pain ainsi disposé, peut être soumis au terrage.

L'opération du terrage consiste à placer à la base du pain une couche d'argile délayée dans de l'eau; cette eau, abandonnant peu à peu l'argile, descend par son propre poids, s'infiltre dans l'intérieur du pain, augmente la fluidité du sirop qui n'a pas cristallisé, et facilite par-là son écoulement. Toutes les argiles ne sont point propres à cette opération; il est nécessaire que celle dont on fait usage soit bien pure, qu'elle ne soit pas mêlée avec des oxides de fer, des matières colorantes; elle doit encore ne contenir que très-peu de sable, sinon elle laisserait échapper l'eau avec trop de facilité. C'est des environs de Rouen et de Saumur que l'on tire la majeure partie des argiles employées dans les raffineries. Avant de s'en servir, on la prépare en la jetant dans de grands vases, dans lesquels on la lave à plusieurs reprises par décantation; on la fait passer pour enlever les pierres qu'elle contient par une passoire, et on la délaie en consistance de bouillie. C'est à cet état qu'on la verse avec une cuiller de cuivre sur la base de la forme. L'épaisseur que l'on donne à cette couche d'argile varie suivant les qualités du sucre; elle est plus mince sur les sucres fins que sur ceux d'une qualité inférieure.

On laisse sécher cette première couche sur les pains, ce qui dure six à huit jours : alors on cerne l'argile tout autour des formes avec un couteau, et on l'enlève; à ce moment cette couche a acquis de la consistance, et elle porte le nom d'*esquive*. Ces esquives sont lavées pour en retirer le sucre qui s'y est attaché, et pétries de nouveau comme de l'argile neuve. On brosse la surface des pains pour enlever l'argile qui y est restée adhérente, et l'on en retire quelques-uns des formes pour voir l'effet produit par ce premier terrage. On fait de nouveaux fonds avec du sucre en poudre; par-dessus on met une seconde fois une couche d'argile, précisément comme la première, et on laisse sécher. Dans ces deux opérations, on a soin, les premiers jours, de tenir les fenêtres fermées pour que l'argile ne se dessèche pas trop vite ; on les ouvre seulement plus tard, pour que les esquives se détachent plus facilement. Après le second terrage on fait de nouveau la visite des pains pour juger de l'état de leur purification.

Le nombre des terrages que l'on donne au sucre dépend de sa qualité, le plus beau étant terré deux et trois fois, et les plus communs recevant jusqu'à quatre couches successives d'argile, il faut en excepter les bâtardes qui n'en reçoivent que deux. Le terrage étant fini, les esquives sont enlevées, et on *plamote* les pains, c'est-à-dire, qu'on époussète la base avec une brosse à longs poils, ensuite on place sur ce fond plamoté un morceau de papier bleu, et par-dessus une rondelle de bois d'un diamètre égal à celui de la base du pain, et l'on retourne la forme la pointe en haut. On pose le pain ainsi recouvert sur le pot, et on le laisse pendant quelques heures; la pointe, qui, jusques-là, était humide et molle, se ressuie et acquiert de la fermeté. On enlève alors toutes les formes, et on place les pains sur des toiles étendues par terre, afin qu'ils achèvent de se dessécher avant de les porter à l'étuve. Les étuves sont des bâtimens à-peu-près quarrés, fort élevés, divisés dans leur hauteur par des planchers à claire voie, sur lesquels on range les pains; au rez-de-chaussée se trouve un grand poêle en fonte, dont les ouvertures du foyer et du cendrier répondent à l'extérieur, et, quelques pieds au-dessus de ce poêle, est une table également en fonte, qui le recouvre en forme d'écran, pour empêcher l'action trop directe de la chaleur sur les pains placés immédiatement au-dessus. La toiture de l'étuve est percée de grandes fenêtres qui peuvent s'ouvrir comme des trapes, afin de donner issue à la vapeur qui se produit en grande abondance, surtout au commencement de l'opération.

Les pains sont apportés sur des plateaux, et rangés dans l'étuve sur les claires voies. Il faut prendre garde de ne donner dans le commencement qu'une chaleur très-modérée, de l'augmenter graduellement, pour la porter jusqu'à 50 degrés Réaumur. Cette opération dure, terme moyen, huit jours.

En parlant des étuves dans lesquelles on fait sécher le sucre dans les colonies, nous avons dit que, lorsque nous serions amenés par la chaîne des opérations à parler des étuves de raffinerie, nous ferions, sur leurs dispositions et les principes sur lesquels elles sont établies, des observations propres à rectifier les idées fausses des raffineurs sur la vaporisation, idées qui les ont conduits à donner à leurs étuves les dispositions les moins propres à atteindre le but qu'ils se proposent; nous allons entrer dans quelques développemens à ce sujet.

Une erreur généralement répandue parmi

les personnes qui n'ont pas fait une étude particulière de la physique, c'est que la chaleur est le seul agent utile dans la dessication, et elles ne tiennent aucun compte des circonstances qui accompagnent une production de vapeur, circonstances cependant qui ont sur les dessications la plus grande influence. La chaleur n'agit en effet que d'une manière secondaire, en augmentant la propriété de l'air de se charger d'une plus grande quantité de vapeur; c'est donc l'air qui est l'agent vraiment utile dans cette opération, la chaleur ne devant servir ici que comme un moyen de transport pour agir sur de plus grandes masses d'air. Si l'on pouvait, par un moyen purement mécanique, établir un courant suffisant d'air sec, même à o.°, la dessication ne s'en ferait pas moins bien; tandis que donnant 100 degrés à de l'air, si on ne lui permet pas de se renouveler, elle ne s'effectuera pas.

On concevra actuellement combien est vicieuse la disposition des étuves actuellement en usage, dans lesquelles, par la position du poêle dans leur intérieur, il n'est pas possible de déterminer un courant, en sorte qu'on ne fait que chauffer les corps tant solides que liquides qui sont placés dans leur intérieur; aussi la sortie de l'eau engagée dans les pains et qui se vaporise n'est-elle déterminée que par l'augmentation considérable de volume qu'elle prend en passant à l'état de vapeurs qui oblige de tenir ouvertes toutes les fenêtres au commencement de l'opération. Cependant, dira-t-on, on sèche dans de pareilles étuves. Cela vient de ce que, en dépit du soin que l'on prend de clorre exactement, il y a toujours des fissures par lesquelles s'échappe l'air chaud chargé de vapeurs; aussi la dessication est-elle très-lente. Ce mode de chauffage a de plus de graves inconvéniens qu'il est bon de signaler, quoique les raffineurs soient journellement dans le cas de les reconnaître. La vapeur qui se forme dans le commencement et qui remplit toute l'étuve, ramollit les pains; ce ramollissement est même quelquefois assez considérable pour qu'ils s'affaissent et se défoncent. Il arrive souvent que le feu poussé trop vivement fait roussir quelques parties des pains; c'est ce qu'on appelle des *coups d'étuve*. La longueur de l'opération, qui se prolonge pendant plusieurs jours, occasionne de très-grandes dépenses en combustible. Il serait très-facile d'éviter tous ces inconvéniens en éhangeant cette disposition des étuves, en remplaçant le poêle par un calorifère à air chaud placé hors de l'étuve dans laquelle on ferait arriver le courant d'air qui se chargerait de vapeur, et auquel on donnerait une issue proportionnée à l'ouverture par laquelle il serait entré. (1)

A leur sortie de l'étuve, les pains sont portés au magasin pour être mis en papier et livrés au commerce.

La quantité de sirop qui s'écoule des formes dans les opérations du raffinage, surpassant de beaucoup celle du sucre en pain, ce produit est d'une grande importance en manufacture; aussi est-ce du parti plus ou moins avantageux qu'on en tire que dépend le plus souvent la prospérité d'une raffinerie. Il est donc nécessaire de nous occuper des emplois qu'on peut en faire.

Les sirops que l'on obtient dans le cours du terrage sont de deux sortes, savoir : 1.° les gros sirops ; ce sont ceux qui s'écoulent les premiers, lorsqu'après avoir débouché les formes, on les place sur les pots ; ils sont rouges, gras, et peu propres à fournir du grain ; 2.° les sirops fins qui coulent dans les pots après qu'on a changé les formes et pendant les différens terrages. On donne aussi le nom de *sirops couverts* aux gros sirops, et celui de *sirops découverts* aux sirops fins. Ceux-ci

---

(1) Pour de plus amples détails, voyez notre *Introduction à la Chimie appliquée aux Arts*, à l'article *Chaleur*, que nous publierons incessamment.

ne sont presque que du sucre fondu. On reçoit et l'on conserve séparément ces deux qualités de sirops ; les premiers rentrent quelquefois dans la chaudière de clarification, et les seconds sont versés, ainsi que nous l'avons dit, sur le filtre, et sont mêlés avec la clairée dans l'avale-tout. D'autres fois les gros sirops sont recuits à part, et servent à faire des pains de sucre d'une qualité inférieure à ceux qui les ont formés.

Il n'est peut-être pas inutile de rappeler que la cuite a besoin d'être poussée d'autant plus loin, que ces sirops ont été plus épuisés, car le grain ne se forme alors que très-difficilement. Aussi ne peut-on déboucher les formes des bâtardes que six et même huit jours après qu'elles ont été remplies ; leur purgation est aussi beaucoup plus longue, quoiqu'on ait pour habitude de ne leur donner que deux terrages. Toutes les pointes ou têtes des bâtardes sont coupées, car il faudrait attendre trop long-temps pour leur dessication complète ; elles sont en outre toujours colorées ; aussi les fait-on rentrer dans les clarifications. Les sirops qui proviennent des bâtardes portent le nom de *mélasse ;* ils sont totalement épuisés, et ne peuvent servir qu'à la distillation.

On avait proposé de remplacer le terrage par une espèce de lavage à l'alcohol ; on se fondait sur ce que l'alcohol concentré dissout très-bien le principe colorant et n'agit pas sur le sucre. M. Chaptal, qui a fait beaucoup d'expériences à ce sujet, a reconnu que la perte en alcohol, et qui s'élevait au moins à un demi-kilogramme par pain de sucre de dix livres, quelques précautions que l'on prît, rendait ce procédé trop dispendieux. Le sucre conservait en outre une légère odeur qui se développait davantage à mesure de son séjour dans le papier. M. Chaptal, qui a également essayé de terrer son sucre en remplaçant l'eau par du sirop, dit que l'expérience lui a appris qu'en pratique cette substitution est désavantageuse. Les pains de sucre terrés de cette manière étaient gras, sans consistance, il n'a pas été possible de les dessécher, et ils étaient tellement adhérens aux formes, que, lorsqu'on a voulu les locher, ils sont presque tous venus par fragmens. On a apporté dans ces dernières années des changemens trop remarquables dans les opérations du raffinage, pour que nous n'en traitions pas avec quelque détail; nous suivrons l'ordre des dates auxquelles ces changemens ont été proposés.

Le 31 octobre 1812, M. Edward-Charles-Howard de Westboren-green, dans le comté de Middlesex, se pourvut d'un brevet pour un nouveau procédé de raffinage. Voici le détail qu'il donne de ses opérations dans la spécification qui accompagne sa patente.

Après avoir mêlé aussi rapidement que possible dans une chaudière plate de cuivre, des quantités d'eau et de sucre ou de moscouade suffisantes pour que le mélange ait à la température ordinaire la consistance d'un mortier épais. Il le laisse reposer pendant une heure ou deux. Alors on porte la température de la chaudière à 70 ou 75 degrés Réaumur, en faisant arriver de la vapeur en-dessous dans un double fond. A mesure que, par l'effet de la chaleur, le mélange se liquéfie, on y ajoute du sucre pour diminuer sa fluidité. On remplit ensuite de grandes formes avec cette masse pâteuse, et on attend, pour retirer les bouchons qui ferment l'ouverture de leurs pointes, qu'elles soient complètement froides; on laisse alors écouler la mélasse.

Cet écoulement étant achevé, on enlève de la base du pain une couche de sucre jusqu'à ce qu'on arrive au point où celui-ci est coloré. Le sucre, ainsi enlevé, est mêlé avec de l'eau froide, de manière à former une bouillie épaisse, et, à cet effet, on l'étend en couches sur la base des mêmes pains où on l'a pris. Lorsque cette couche commence à se dessécher, on la recouvre d'une rondelle de drap ou de feutre, par-dessus laquelle on verse une dissolution de beau sucre saturée à froid; ou bien on enlève cette sorte d'esquive en sucre; on la repétrit avec de l'eau, et on l'étend de nouveau sur le pain. On répète cette opération à plusieurs reprises, suivant la qualité du sucre qu'on veut obtenir. M. Howard dit que, sur du sucre ainsi traité et parfaitement desséché, on peut impunément verser une dissolution sucrée, ou même de l'eau pure, sans qu'elle pénètre dans son intérieur. Quand il arrive que le pain est trop poreux, le sucre qui sert à faire les fonds doit être pilé très-fin, pour que l'eau l'abandonne plus lentement et ne se répartisse inégalement dans toute la masse du pain. On peut se servir, pour faire les fonds, de tout autre sucre que celui que l'on a enlevé à la surface des pains, pourvu cependant qu'il soit toujours d'une qualité supérieure ou au moins égale à celle du sucre sur léquel il doit être versé.

La couleur des mélasses qui s'écoule des pains, la rapidité avec laquelle l'eau s'infiltre, servent à reconnaître le moment où cette première opération touche à sa fin; on peut, au surplus, s'en assurer, en retirant de temps en temps quelques pains de leurs formes, pour les visiter. Il est nécessaire de laisser, dans le commencement de l'opération, la température de l'atelier à 12 degrés environ, et de l'élever ensuite à 22, ou même à 25 degrés, lorsque, après y avoir versé la dissolution pour la dernière fois, la surface des pains commence à se dessécher. Pour faciliter la sortie de l'air engagé dans les pains, il est convenable, chaque fois que l'on fait de nouveaux fonds, de briser le pain à sa base.

Toute cette première opération, purement préparatoire, étant terminée, on retire les pains des formes, on les casse, pour séparer des parties parfaitement purifiées celles qui retiennent encore de la mélasse, qui doivent rentrer dans du sucre brut pour subir de nouveau l'opération ci-dessus. Le sucre pur est dissous dans une chaudière au moyen de six parties d'eau pour cinq de sucre; on agite pour faciliter la dissolution, et, après avoir donné aux impuretés le temps de se déposer, on tire à clair dans une seconde chaudière, dans laquelle on doit traiter le sucre par les agens propres à lui enlever les matières colorantes qu'il peut encore retenir.

On a préparé; d'une part, une dissolution de deux livres et demie d'alun dans seize livres d'eau par quintal de sucre qu'on veut blanchir; et de l'autre, un lait de chaux parfaitement propre. Le lait de chaux est versé dans la dissolution d'alun, en quantité suffisante pour que le mélange ne change plus la couleur jaune du papier de curcuma ; on jette alors sur un filtre pour recueillir le dépôt que l'on laisse s'égoutter (1).

On reprend ce dépôt, on le délaie dans quelques litres de la dissolution de sucre qu'on va traiter, et on verse le tout dans la chaudière à clarifier, en ayant soin d'agiter pour faciliter le mélange et l'action des agens clarifians sur les matières colorantes.

La dissolution ainsi traitée est laissée en repos pendant cinq à six heures, après quoi, on décante le liquide clair, et on procède à l'évaporation, qui se fait au moyen de la vapeur, à environ 75 degrés Réaumur, et on la continue jusqu'à ce que la densité du liquide soit égale à 1. 37, celle de l'eau étant 1 (2). Le sirop est alors transvasé dans les rafraîchissoirs dans lesquels on l'agite pour la formation du grain, et où il est repris pour être versé dans les formes ; lorsque

(1) La patente prescrit ici une foule de lavages, de filtrations, tout au moins inutiles ; l'opération se réduisant en définitive à précipiter l'alumine de l'alun par la chaux. Nous avons cru devoir supprimer toutes ces manipulations superflues, et indiquer seulement le moyen le plus simple d'arriver au même résultat.

(2) Ce qui correspond à 40 degrés aréométriques.

celles-ci sont froides, on retire les chevilles, et le sirop qui n'a pas cristallisé s'écoule à la manière ordinaire.

Lorsque la base du pain est sèche, on la gratte, ainsi que nous avons dit qu'on le fait dans l'opération préparatoire, et on en fait une pâte, que l'on met sur la base du pain, si celui-ci ne paraît pas assez blanc. Si, au contraire, on le trouve parfaitement purifié, on laisse sécher le pain sans aucun terrage, on le retire des formes et on le porte à l'étuve.

La quantité de mélasse que l'on obtient par ce procédé n'est que de dix livres par quintal de sucre, tandis qu'elle est de trente livres dans le raffinage par les procédés ordinaires.

On verse sur les dépôts formés dans les deux chaudières de l'eau bouillante pour dissoudre le sucre qu'ils conservent, et on les jette sur un filtre; l'eau qu'on recueille sert à dissoudre le sucre brut dans la première opération.

Les sirops qui s'écoulent des pains de sucre ainsi traités, n'étant que du sucre pur en dissolution, n'ont besoin, pour fournir des cristaux, que d'être concentrés sans addition d'autre sucre.

M. Howard fait remarquer qu'en traitant dans le raffinage ordinaire le sucre par les agens clarifians qu'il indique, sans qu'il ait été soumis à l'opération préparatoire, on obtiendra une clarification plus parfaite.

Un brevet de perfectionnement aux procédés ci-dessus décrits fut accordé à M. Howard, le 20 novembre 1813. Les changemens spécifiés dans ce nouveau brevet portent principalement sur les chaudières d'évaporation et sur la température à laquelle on peut cuire les sirops. Lorsqu'il a été question du mode de concentration recommandé par Achard, pour la cuisson du sucre de betteraves, nous avons vu que cette opération était très-longue; Achard ne se servant que de vapeur produite sous la pression ordinaire, il ne pouvait faire parvenir ses sirops à une température supérieure à 75 degrés environ. M. Howard éprouva également cet inconvénient, mais il surmonta cette difficulté par une disposition fort ingénieuse de l'appareil, qui prouve, dans son auteur, un talent particulier d'application de ses connaissances physiques.

Voici le raisonnement sur lequel est fondé l'appareil de M. Howard. Tous les liquides, à la pression ordinaire de l'atmosphère, bouillent à une certaine température particulière pour chacun d'eux : ainsi l'eau entre en ébullition à 80 degrés Réaumur, l'alcohol bien rectifié à 64 degrés du même thermomètre; l'acide sulfurique concentré à 260 degrés environ. Mais le point d'ébullition peut être d'autant plus abaissé que l'on diminuera davantage la pression à la surface du liquide; ainsi, sous le récipient d'une machine pneumatique, l'eau peut bouillir et se vaporiser à quelques degrés seulement au-dessus de zéro. D'après cela, M. Howard pensa qu'en supprimant une partie ou la totalité de la pression atmosphérique, le sirop bouillirait à une température de beaucoup inférieure à celle de l'eau bouillante.

Il ne restait plus qu'à combiner les différentes parties d'un appareil dans lequel on pût réaliser le résultat de ce raisonnement. Voici la disposition qu'adopta M. Howard.

La chaudière d'évaporation est sphérique; la moitié inférieure est enveloppée d'une sphère concentrique, de manière à laisser entr'elles un espace vide, dans lequel vient se rendre la vapeur d'une chaudière remplie d'eau. La chaudière d'évaporation porte à sa partie supérieure un tuyau qui la fait communiquer avec un corps de pompe dans lequel joue un piston, mis en mouvement au moyen d'un mécanisme mu par de la vapeur prise sur la même chaudière qui fournit celle qui circule dans l'espace libre entre les deux enveloppes concentriques, et qui doit ainsi chauffer le sirop. La chaudière sphérique étant chargée d'une quantité convenable de sirop à évaporer, si l'on fait arriver la vapeur dans son double fond, le sirop s'échauffera, l'air contenu au commencement de l'opération dans la chaudière, et ensuite la vapeur qui se formera, passeront dans le corps de pompe d'où ils seront chassés continuellement par le mouvement du piston. La vapeur étant ainsi enlevée à mesure qu'elle se produit, on conçoit que la pression à la surface du liquide sera très-faible, et que celui-ci bouillira à une température peu élevée. Un thermomètre dont la boule est engagée dans l'intérieur de la chaudière, tandis que sa tige s'élève extérieurement, indique cette température. Au moyen d'un tube ouvert par les deux bouts qui pénètre presque jusqu'au fond de la chaudière, et sort à sa partie supérieure, on peut introduire une sonde pour retirer une petite quantité du liquide, et s'assurer à chaque instant de son point de concentration ou de cuite.

L'avantage que présente ce système, est d'opérer la concentration du sirop avec beaucoup de rapidité, sans que la température soit élevée, d'opérer cette concentration à l'abri du contact de l'air, qui paraît exercer, concurremment avec la chaleur, une influence pour faire passer le sucre cristallisable à l'état de sucre incristallisable. Les inconvéniens sont d'exiger des appareils très-dispendieux de la force pour faire jouer les pompes, et une surveillance très-active des opérations.

Le 22 juin 1815, M. John-Taylor, manufacturier-chimiste de Stralford, dans le comté d'Essex, obtint un brevet pour un procédé de raffinage. M. Taylor dit que son procédé est également applicable à la fabrication du sucre brut dans les colonies, ce qui rendrait les opérations subséquentes du raffinage plus simples et moins dispendieuses. Voici en quoi consiste ce procédé, d'après la spécification portée à la patente.

J'ai remarqué, dit M. Taylor, que les mélasses et les autres matières solubles qui salissent le sucre brut peuvent en être séparées par des moyens purement mécaniques, sans qu'il soit nécessaire de faire intervenir l'action de la chaleur. Après avoir versé sur le sucre une quantité d'eau pure, ou d'eau de chaux suffisante pour l'humecter, et qui peut varier de 1/8 à 1/10 du poids du sucre, on le soumet à une pression capable d'en faire sortir toutes les parties fluides. Dans les sucreries des colonies, l'eau qui retient le sucre à sa sortie des rafraîchissoirs dans lesquels il a cristallisé, suffirait à cette opération, sans qu'on eût besoin d'en ajouter une nouvelle quantité. On retrouvera dans le liquide qui s'écoulera la mélasse et les autres substances solubles que contenait le sucre, et que l'eau aura entraînées. Si la pression exercée a été suffisante, le sucre sera sec, et sa nuance aura changé.

Pour soumettre le sucre à la pression, M. Taylor l'enferme dans des sacs qu'il dispose en pile sur le plateau d'une presse, qui peut être indifféremment une presse à vis, ou une presse hydraulique, en se rappelant toutefois que la force qu'on peut exercer avec celle-ci est beaucoup plus considérable que celle qu'on peut obtenir avec la première. M. Taylor n'a pas apporté de changement dans les autres manipulations du raffinage.

Cette opération simple et peu dispendieuse est probablement susceptible d'exercer une influence assez marquée sur le sucre, pour qu'il soit peut-être avantageux de la pratiquer; on séparerait en effet par-là une grande partie des matières colorantes, sans qu'il fût nécessaire d'exposer le sucre à l'action du feu; la clarification en deviendrait plus facile.

MM. Taylor et Martineau, voulant préserver le sucre des altérations auxquelles il est exposé par l'action prolongée du feu pendant l'évaporation du sirop, ont imaginé d'effectuer cette évaporation au moyen de la chaleur émise par la condensation de la vapeur produite sous une haute pression, afin de lui donner une température plus élevée. Pour cela, ils ont placé au fond de la chaudière d'évaporation un tube replié en spirale, qui communique avec une chaudière à vapeur. Un tube de décharge ramène dans la chaudière la vapeur condensée dans la spirale; la chaudière à vapeur et les tubes sont munis de soupapes de sûreté, et de tous les accessoires qui accompagnent les machines à haute pression.

Dans un appareil de ce genre, l'évaporation se fait très-bien, elle est même extrêmement rapide, et, quoique la température que l'on obtient soit fort élevée, le sucre ne peut subir aucune altération; mais cet appareil a tous les inconvéniens des machines à haute pression, puisque, pour fonctionner avec avantage, il faut que la vapeur ait une force élastique égale au moins à trois ou quatre atmosphères.

M. Clément-Desormes, professeur de Chimie appliquée aux Arts, a donné, dans le cours de ses leçons au Conservatoire des arts et métiers, pendant l'année 1822, un compte de fabrication d'une raffinerie travaillant avec un appareil de MM. Taylor et Martineau, dans lequel on emploierait de la vapeur comprimée à trois atmosphères. Nous le reproduisons tel que l'a donné ce savant professeur.

Il admet que, un mètre carré de cuivre de $0^m,002$ d'épaisseur, peut laisser passer une quantité de chaleur suffisante pour vaporiser 75 kilogrammes d'eau par heure, et que l'appareil doit traiter par jour 10,000 kilogrammes de sucre brut.

Eau à vaporiser, (*les deux tiers des poids du sucre.*) . . . . 6700 kilog.

Temps employé à la cuisson. . . . . . 12 heures.

Vapeur à produire par heure. . . . . $\frac{6700}{12}$ = 558 kilog.

Surface de transmission à donner aux tubes, dans lesquels circule la vapeur. . . . . . . $\frac{558}{75}$ = 7,40 mètres carrés.

Charbon à consommer. . . . . . . $\frac{6700}{6}$ (1) = 1116 kil.

compris la clairée et les étuves. 2000 kilog.

---

(1) Pour connaître la quantité de charbon à brûler pour transformer en vapeur une quantité déterminée d'eau exprimée en kilogrammes, on divise par 6, quantité d'eau que l'expérience a démontré être vaporisée en pratique par un kilogramme de charbon.

Charbon à brûler dans l'ancien procédé . . . . 8000 kilog.

Economie. 6000 kilog., à 5f le 0/0 . . 300f

Trois cents jours, à 300f d'économie par jour. 90,000f

Economie de sucre 2 et 1/2 pour 100, à 2f 50c — 625 = 360 jours. 187,500

Bénéfice. 277,500f

M. Wilson a imaginé de remplacer la circulation de la vapeur comprimée par celle d'un liquide qui n'entrât en ébullition qu'à un degré bien supérieur à celui auquel le sirop bout; il s'est servi, pour cela, de l'huile de baleine qu'il fait circuler dans des tuyaux qui traversent la bassine dans laquelle est le sirop.

Son appareil se compose d'une chaudière en forte tôle, de neuf pieds de long sur cinq de large, et de dix-huit pouces de profondeur, pouvant contenir 400 litres d'huile; cette chaudière, scellée au-dessus d'un fourneau ordinaire en maçonnerie, communique par des tuyaux en cuivre avec une bassine à sucre, entourée d'un bord en bois, afin qu'elle conserve plus long-temps sa chaleur. Un des tuyaux de communication est contourné en spirale au fond de la bassine, son extrémité aboutit au second tuyau qui rentre dans la chaudière par son extrémité opposée. Une pompe en fonte de fer, établie au-dessus du premier tuyau, élève l'huile, et la dirige ensuite dans la partie du tuyau en spirale.

Au sommet de la chaudière est un thermomètre à mercure; la boule de ce thermomètre est plongée dans l'huile, afin d'indiquer son degré d'échauffement; sa tige s'élève extérieurement.

Pour faire usage de l'appareil, on commence par chauffer l'huile jusqu'à 140 degrés du thermomètre de Réaumur; alors on la dirige, à l'aide de la pompe, dans le serpentin, où elle circule continuellement pour rentrer ensuite par le tuyau de décharge. Le sirop entrant en ébullition à 90 degrés, on conçoit qu'aussi long-temps que la pompe continuera son action, l'huile, dont la chaleur est beaucoup plus forte, entretiendra le sirop bouillant, et cela sans nulle difficulté ni danger.

Nous avons oublié de dire que la chaudière porte à sa partie supérieure un petit tube ouvert par son extrémité inférieure dans la chaudière; il est surmonté d'un long tuyau, nommé *évent à vapeur;* il sert à entretenir une communication libre entre l'intérieur de la chaudière et le dehors, afin d'éviter toute pression intérieure; il porte au dehors les vapeurs qui pourraient se produire, et, par la communication qu'il établit avec l'extérieur, donne à la pompe la faculté d'élever l'huile.

On avait prétendu que le sirop chauffé jusqu'à un certain degré avec le contact de l'air était susceptible de s'enflammer spontanément. L'auteur a fait à ce sujet des expériences, desquelles il résulte que le sirop se décompose à la température de 138 degrés Réaumur, et laisse échapper une vapeur qui ne s'enflamme cependant qu'à 150, 157, et même 160 degrés Réaumur.

Quant à l'huile, qu'on avait également regardée comme très-inflammable, M. Wilson assure qu'elle ne le devient qu'à 250 degrés, température bien au-dessus de celle qui est nécessaire pour faire bouillir le sirop. M. Parthes a établi, qu'à la vérité il se dégageait des vapeurs à 140 degrés, mais qu'elles ne brûlent qu'à 250, encore avec une flamme très-faible, en ne donnant que huit pouces cubes en quatre minutes pour quatre litres d'huile; tandis qu'à 250 degrés ces mêmes vapeurs produisent trente-deux pouces cubes par minute, et s'enflamment spontanément.

On a cherché à diminuer le temps qu'exige l'opération du terrage en accélérant l'infiltration de l'eau à travers les pains. Pour cela, on a imaginé de faire le vide à la partie inférieure des formes ; l'air, exerçant alors sa pression à la base du pain, forçait l'eau à descendre d'autant plus vite que le vide était plus parfait. L'appareil se composait d'un grand conduit rectangulaire dont la partie supérieure était percée d'ouvertures circulaires propres à recevoir les formes, ce conduit communiquait avec un corps de pompe dans lequel jouait un piston à double effet. La base du conduit avait la forme d'une gouttière par laquelle s'écoulaient les sirops dans un réservoir commun. Cet appareil employé, dit-on, en Angleterre, n'a pas réussi à Paris, nous en ignorons la cause ; mais nous sommes portés à croire que cela ne peut tenir qu'à des vices de construction. Il ne dépend peut-être que d'un raffineur habile, qu'un premier essai infructueux ne découragera pas, de trouver les moyens de le mettre en pratique avec avantage.

Pour remplir sans lacune la tâche que nous nous sommes imposée, il ne nous reste plus qu'à parler des procédés au moyen desquels on obtient le *sucre candi;* mais cette fabrication constituant, en France du moins, une partie de l'art du confiseur, plutôt que de celui du raffineur, nous ne ferons qu'indiquer d'une manière très-sommaire les manipulations par lesquelles on se le procure.

Le *sucre candi* ne diffère du sucre en pain qu'en ce que sa cristallisation, loin d'avoir été troublée par l'agitation, a dû se faire par le repos; que même, pour qu'elle se fît avec plus de lenteur, afin que les cristaux fussent plus réguliers, on a écarté toutes les causes d'un refroidissement trop prompt, et maintenu la température du lieu où on l'avait placé à un degré convenable pendant un temps assez long. Nous avons vu au contraire que l'opération que nous avons connue sous le nom d'*opaler*, dans la fabrication du sucre en pain, avait pour objet de briser les cristaux et de favoriser le refroidissement en renouvelant les surfaces. Aussi appelle-t-on *cristallisation régulière* celle par laquelle on obtient le sucre candi, et *cristallisation confuse* celle du sucre en pain.

Le sirop, ayant été clarifié et filtré, est repris dans le réservoir à clairée, et porté dans la chaudière pour y être cuit au point convenable; c'est ordinairement à la preuve du soufflé, faible ou forte, suivant qu'on veut obtenir des cristaux plus gros ou plus petits.

On verse le sirop cuit dans des bassins à-peu-près hémisphériques en cuivre, dont l'intérieur est parfaitement poli; ils ont de quinze à dix-huit pouces de diamètre à leur bord, et six à huit pouces de profondeur. A deux pouces environ au-dessous du bord, ils sont percés de chaque côté de huit à dix trous très-petits, par lesquels on fait passer un fil qui va de l'un à l'autre bord en passant par chacun des trous. On bouche ces derniers, soit avec une pâte, soit en collant du papier à l'extérieur du bassin pour que le sirop ne s'écoule pas au travers.

Les bassins, ainsi préparés, sont remplis à un pouce à-peu-près au-dessus des fils, et portés immédiatement dans une étuve dont la température est assez élevée pour que la cristallisation ne soit complète qu'au bout de six à sept jours. Après ce temps, on retire les bassins de l'étuve, et l'on décante les eaux mères, c'est-à-dire, le sirop qui est resté liquide, on verse un peu d'eau dans le bassin pour laver les cristaux qui tapissent son fonds; cette eau est réunie aux eaux mères.

Le fond du bassin présente alors une couche cristalline de six à neuf lignes d'épaisseur; les fils qui sont recouverts de cristaux ont la forme de guirlandes. On renverse les bassins sur un vase convenable pour les faire bien égoutter; après quoi, on les porte de nouveau à l'étuve, que l'on chauffe fortement; au bout de deux ou trois jours, le sucre est sec, on le sort de l'étuve, et on le retire des bassins dont il se détache facilement: il peut alors être livré au commerce.

Les eaux mères entrent dans la fabrication du sucre en pain, tels que les bâtardes ou lumps.

Les teintes plus ou moins foncées que présentent plusieurs espèces de sucre candi, tiennent uniquement à la pureté du sirop qui a servi à le fabriquer ; le sirop parfaitement pur donne des cristaux tout-à-fait blancs.

Quelquefois encore on le nuance de différentes manières, en y ajoutant les substances colorantes convenables. Ce serait nous écarter tout-à-fait de notre sujet, que d'entrer dans le détail de ces opérations, que l'on trouvera, au surplus, dans tous les ouvrages qui traitent de l'art du confiseur, dans lequel ils rentrent complètement.

FIN.

TABLE
DES MATIÈRES

CONTENUES DANS CE VOLUME.

FIN DE LA TABLE.

OUVRAGES *consultés dans le cours de cet Essai.*

ANNALES de Chimie.

Annales de Physique et de Chimie.

Journal de Pharmacie.

Bulletin de la Société d'encouragement.

Nicholson's Journal.

Annales américaines.

Encyclopédie méthodique.

Rees's New cyclopoedia.

Dictionnaire des Sciences médicales.

Dictionnaire d'Histoire naturelle.

Dictionnaire des Sciences naturelles.

Dictionnaire technologique.

Carminati. *Opuscula therap.*

Herrera, *Histoire d'Amérique.*

Dutertre, *Histoire d'Amérique.*

Labat, *Nouveau Voyage aux îles d'Amérique.*

Caseaux, *Essai sur l'art de cultiver la Canne et d'en extraire le Sucre.*

Dutrône, *Précis sur la Canne, etc.*

Berthelot, *Mécanique appliquée aux arts.*

Borgnis, *Mécanique appliquée aux arts.*

Opuscules chimiques de Margráf.

Achard, *Europaische zuckerfabrication.*

Commerell, *Mémoire et instruction sur la culture, l'usage et les avantages de la racine de disette, etc.*

Hermbstaedt, *Elémens de Technologie.*

Chaptal, *Chimie appliquée à l'agriculture.*

Mathieu de Dombasle, *Faits et observations sur la fabrication du Sucre de betteraves.*

Dubrunfaut, *Art de fabriquer le sucre de betteraves.*

Dubrunfaut, *Traité complet de l'Art de la Distillation.*

Bussy, *Mémoire sur l'action décolorante des charbons.*

Payen, *Mémoire sur les charbons.*

Thénard, *Traité de Chimie.*

Thompson, *Système de Chimie.*

Edward's History of the West-Indies.

Higgin's Observations. Phil. mag.

A TROYES, DE L'IMPRIMERIE DE SAINTON, FILS.

www.ingramcontent.com/pod-product-compliance
Ingram Content Group UK Ltd.
Pitfield, Milton Keynes, MK11 3LW, UK
UKHW020312230726
13925UKWH00002B/360